浜岡
HAMAOKA
ストップ！原発震災

東井 怜［著］

野草社

故岡村ひさ子さんに捧ぐ

浜岡 ストップ！原発震災 ｜ 目次

序　章　警鐘は間に合わなかった！

I　ドキュメント福島原発震災 ―― 10

巨大地震！ 原発震災の恐れ ―― 10

いよいよ原発震災の様相 ―― 11

放射能漏洩と計画的放出の予定 ―― 13

ついに「原発震災」へ ―― 14

なぜ「原発震災」と呼ばないのか？ ―― 16

II　巨人に異を唱えた双葉郡の過去 ―― 18

第1章　警鐘！ 原発震災

【1】国際基準より高い浜岡原発の過酷事故発生確率 ―― 34

【2】耐震設計審査指針見直しのゆくえ ―― 35

【3】とんでもないクリスマス・プレゼント，浜岡4号機起動 ―― 37

【4】世紀の津波災害と日本政府の責任 ―― 39

【5】開けられた「パンドラの箱」，長周期地震波 ―― 41

【6】数字が示す「世界で一番危険な原発」浜岡原発 ―― 43

【7】浜岡2号機内部告発 ―― 47

【8】内部告発をきっかけに浜岡の地盤はえぐれるか?! ―― 50

【9】文科省も想定外の揺れを予測 ―― 53

第2章　原発用耐震指針の改訂

- 【10】宮城沖地震により女川原発全機が自動停止 ——— 58
  明白となった原子力発電所設計用地震動予測の甘さ
- 【11】もうひとつの耐震強度不備事件 ——— 60
  女川原発2号機，危険な運転再開へまっしぐら？
- 【12】原発震災＝住民被曝の"リスク"ついに「国」が認める！ ——— 62
- 【13】パブリックコメントは反映されるか ——— 64
  新行政手続法のもとでの原発の耐震指針改訂作業
- 【14】庶民の武器は透明性，パブリックコメントのゆくえ ——— 67
- 【15】浜岡原発運転差止訴訟の証人尋問スタート ——— 70
- 【16】既設原発55機の耐震性再評価（バックチェック）始まる ——— 73

第3章　事故編

- 【17】重大な制御棒「破損」事故，福島第一原発6号機 ——— 78
- 【18】ひびだらけの原発心臓部，今度はブレーキ（制御棒）が！ ——— 81
- 【19】浜岡原発5号機，新型タービン大破の大事故，軸振動大で自動停止 ——— 87
- 【20】何が何でも運転再開か，浜岡原発 ——— 91
- 【21】動き出した美浜原発，29カ月ぶり ——— 96
- 【22】原発で国内初？の臨界事故，大臣が停止を命令 ——— 98
- 【23】世にも恐ろしい「欠陥ブレーキ」沸騰水型原発 ——— 100

第4章　柏崎刈羽原発の「震災」

- 【24】柏崎刈羽原発，地震で火災，待たれる情報発表 ———————— 106
- 【25】やっぱりもたなかった柏崎刈羽原発！ ———————————— 107
  わずかマグニチュード6.8の中規模地震で！
- 【26】柏崎刈羽原発を襲ったキラーパルス（破壊的強震動）———————— 110
- 【27】「あなたも発電所」，原発停止でも電力はあまる ———————— 115
- 【28】柏崎刈羽原発を襲ったのは「震度7」の地震!? ———————— 120
- 【29】浜岡原発周辺住民の意識変化 ———————————————— 125
- 【30】目前に迫った浜岡原発訴訟の判決にどのような影響を与えるか？ —— 128
- 【31】隠していた活断層，東京電力・保安院による過去の隠蔽 ———————— 132
  （活断層調査）
- 【32】柏崎刈羽原発を直撃したのは想定約4倍の揺れだった ———————— 137
- 【33】裁かれるべき時が来た ———————————————————— 141
- 【34】浜岡原発もアブナイ，直下に巨大な凸レンズ ———————————— 143
- 【35】既設の原発等に活断層の存在が浮上 ———————————————— 148
- 【36】どうする？「活断層」の上に作ってしまった原発 ———————————— 154
- 【37】浜岡原発閉鎖への一歩，浜岡1・2号機廃炉を歓迎する ———————— 160
- 【38】東海地震に耐えられない，免震化工事を検討？ ———————————— 163
- 【39】運転再開への長い道程が始まった ———————————————— 167

第5章 原子力政策

- 【40】オソマツ原燃とオソマツ国が「設計ミス隠し」を共演, 青森再処理工場 ─── 170
- 【41】オソマツ原燃の再処理工場をかばい続ける規制庁「保安院」─── 172
- 【42】市民版原子力政策論議を ─── 174
- 【43】福島県汚職, 佐藤栄佐久前知事が展開した"エネルギー政策"批判 ─── 176
- 【44】使用済みMOX燃料は出て行く先がない ─── 180
- 【45】人類にとって未経験,「発熱し続ける核燃料」─── 181
- 【46】国内初のプルサーマル実施を目前にMOX燃料装荷お預け ─── 184
- 【47】回避コスト創出でムダ撲滅以上の財源捻出を ─── 187
- 【48】保安院見解「東海地震にも耐える」に異議あり！ ─── 192

浜岡原発の今 ─── 196
浜岡原発差止訴訟の動きと関連事項 ─── 196
図版出典 ─── 198
あとがき ─── 201

装幀　勝木雄二

序章
警鐘は間に合わなかった！

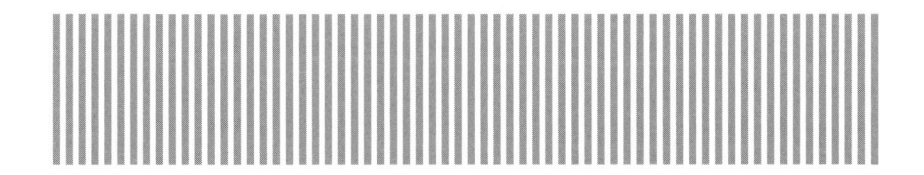

2011年3月11日，東京電力は，とうとう発電中に取り返しのつかない未曾有の大災害を引き寄せてしまった。福島県双葉郡の半径20km圏内は立入り禁止区域に。慌しく避難した人々が故郷へ戻れる日は来るのだろうか。20年余のはるか昔，双葉郡の住民が，こぞって巨人東京電力に異を唱えた日々があったことを書き残しておきたい。

I　ドキュメント福島原発震災

巨大地震！　原発震災の恐れ (2011/03/11/22：04)

3月11日14：46　異常に長い地震の揺れ。ただちにTV報道にかじりつく。

恐れていたことが起こっている。現在進行形だ。東京電力福島第一原発が，炉心損傷の危機にさらされているのである。米スリーマイル島原発事故と同じ冷却材喪失事故だ。最悪の事態に近づいている。

さいわいなことに，今回の地震は陸域の直下で起きる直下型ではなかったため，道路の破壊などはなんとか免れ，外部からの応援を受けることができるので，おそらく事態を無事収束できるだろうということと，そう強く期待するということをはじめに強調しておきたい。住民の不安を煽ることはしたくないからだ。

ただし，漫然と事態の収束を待つのではなく，いつでも避難できるような準備をされるよう，強くお勧めしておく。持ち物，食品など原発事故の防災対策にあるような準備である。地元の自治体は，こうしたことを広報しているのだろうか。

ともかく20：45現在でもなお，東京電力のホームページも原子力安全・保安院の緊急時情報もろくに真相を掲載していないのだから，まったくもって許せない。ようやく夜7時半すぎ枝野官房長官が記者会見，政府が「原子力緊急事態宣言」を発し，対策本部を設置したことを公表した。ところが，これがどういう意味をもつのかさっぱり説明がない。これは原発事故による避難勧告の前段であって，「原子力災害の拡大防止をはかる」ため応急対策を実施するという徴である。

何が起きたかというと，原発の空焚きだ。原発は揺れを察知して緊急停止しても，膨大な発熱が続く。これを冷やし続けて，通常は約12時間かけてようやく「消火確認」に至る。そうしなければスリーマイル島事故と同じ冷却材喪失から炉心溶融事故に至る。冷やすにはもちろん電動によるポンプで海水を取り込むのである。原発が全機停止した場合には，外部から送電線で逆送するのだが，それも停電のためできない。そのような事態に備えて非常用ディーゼル発電機を常時待機させている。

ところが，福島第一原発の1号機と2号機がこのバックアップを全部失っているという。3号機や第二原発1号

機では緊急炉心冷却装置（ECCS）が作動したらしい。火災にたとえれば，消火栓を抜いて放水中という意味だ。

だが非常用ディーゼル発電機がダウンしてはそれもできない。電源車を派遣して電力を供給するしかない。東京電力や自衛隊から電源車が向かっているとの報道は6時頃から聞こえていた。外部からのこの援助は道路事情が悪ければ叶わない。巨大地震にもかかわらず，なんという幸いか。そうでなければ今頃はたいへんな騒ぎとなっているはず。

ともかくなんとか電源確保と冷却をとげてほしい！

東海原発（茨城県）でも同様の事態，宮城県の女川原発でも火災や水の浸入（津波か?!）などの報道が流れはじめている。

第一報を投稿しようとして上記記事を書いている最中に，速報が流れた。21時過ぎ，民放TV。ついに地元住民への避難勧告だ。半径2km以内が対象。この深夜に？ なぜ2kmでいいのだ？

21：23 今度は3km以内住民に屋内退避の指示……つまり地震が来ても外へ避難するなということだ。「近くの頑丈な屋内」へ避難せよという，地震など考慮にない原子力事故の避難計画がそのまま実行されようとしている。

いよいよ原発震災の様相 (2011/03/12/02：51)

先ほどは希望的な記事を書いたが，残念ながら事態はまさに危機的だ。大宮の自衛隊特殊部隊（放射能測定や除染）の出動などは，これに備えたものと思われる。文書による初の報告，22：35の首相官邸ホームページの緊急災害対策本部の災害状況まとめによると，福島原発は第一，第二ともとんでもない重篤な状況になっている模様だ。深刻なことには，おそらく地震でケーブルなどがやられて各種センサーや計測器が機能せず，状況が把握できない事態に陥っているのではないか（この時点では，津波被害はおろか，直流電源まで水没被害とは一言も公表されていない）。

一番重要な水位が不明である上に注水状況がわからない（11日16：36），中央操作室照明確保準備中（1・2・3号機，20：50），海水ポンプ機能喪失等々，私たちが「原発震災」として危惧していたことがほとんど現出している恐れがあり，そればかりか重油タンクが流されるなどの「想定外」まである。津波に直撃されたらしい。女川原発の浸水は地下3階というから，これ

も津波を被ったと思われる。火災もありだ。

21：30には東京電力による炉心溶融のシミュレーションが報告され，対応を準備。「炉心損傷開始予想22：20分頃，燃料被覆管破損予想23時50分頃」などとしている。

先ほどの記事に書いた緊急炉心冷却装置（ECCS）については，冷却水を注水し続ける状況が続いているらしい。ECCSをそんなに長時間使用するなどというのは，配管などが破断してザル状態になっていると思われ，これまでの水位低下事故などとは桁違いの大事故への進展が予想される。しかも交流電源が使えないのだ……まったくSF映画を地でいく状況だ。

じつは，自動停止して間もない，いまだ熱い核燃料にECCSで常温の注水を大量にすれば，空焚きにならずとも燃料被覆管が破損する恐れがある。核燃料は燃料被覆管内にしっかりと密閉され，発電で生じる大量の放射能はその中に閉じ込められている。その被覆管がひび割れなどで損傷し，格納容器内はもう放射線レベルが相当上がっているのではないかと，非常に危惧される。

原発内がどうなろうとも，格納容器（カプセル）が放射能を閉じ込めてくれることを祈る。それが東京電力らの最後の「保証」であった。だがそれは地震で格納容器が壊れていなければのことだ。

第二原発も，1号機は原子炉冷却材漏洩（17：35）とあり，配管の破断が推定される。3・4号機は津波により海水ポンプの起動が確認できないため除熱機能喪失と予測。

2km以内の避難指示は，福島県が出したもので20：50，3km以内は総理指示で21：23とのこと。現地には知人が多くいるので気が気ではない。これから会津方面へ移動するというメールが若いお母さんから入った。

日付が変わって2時現在，第一原発2号機はいまだに電源喪失状態で，電源車が接続されていないという情報が入る。3号機は直流電源頼みという。

続いて，米軍から不足する冷却材を空輸で運んだとTV報道。冷却水は純水でなければならないから，そこらの水では間に合わない。

東京電力もホームページでは原発の状況をほとんど明らかにしていないといっていい。単に環境放射線量の測定値を明記して，「通常と同じ値であり，現時点で周辺環境への影響はないと思われます」とある。外部の放射線量により原発内の状況を判断するとはあまりにも情けないではないか。日頃，高をくくっていた自信はどこに？

私たち「東京電力と共に脱原発をめざす会」は東京電力本社と隔月程度に交渉をもっている。昨夏も地震への対応を突っ込んで聞いたばかりだ。外部電源全喪失の深刻さ，その際の非常用ディーゼル，直流電源等々の重要性に

ついて。それは福島第一原発2号機で，外部電源全喪失の深刻な事故を起こしたのに，東京電力も保安院も「事故扱い」とはしなかったからであった。しかし今，無事到着した電源車の電源が接続できないというような情報が耳に入る。まさか真っ暗闇のせいでもあるまい??

蛇足になるが，官邸ホームページは大本営発表かもしれない。少なくともわかりにくい言葉，表現を羅列していて，普通の市民には解読できないというものだ。だが今日では，メーリングリストやインターネットから多大な情報が得られる。大本営発表がまかりとおるだろうか。

07年夏の地震で停止中の柏崎刈羽原発の復旧（起動）ももう許さないぞ，と刈羽村の知人から電話が入った。

放射能漏洩と計画的放出の予定 (2011/03/12/08：45)

1号機がまず炉心損傷。その証左たる放射線量の上昇が1号機の屋内外で観測された。

明け方とりあえず電源車による電力供給は始まった模様だが，第一原発は1・2・3号機すべてが電源喪失だ。3機とも賄えているのだろうか。

すでに「原発の正門で通常の8倍の放射線を観測」とのことだが，なんと東京電力は地震発生と同時に環境のモニタリング測定値の公表をストップしてしまって，ほんとうの数値はわからない。なんとも腹立たしい。なんのためのホームページか。福島県でも測定しているが，政府から非公開との指示があれば従うのだろう。中越沖地震の際に，トラブルで表示ができなくなったということをまったく信じられなかったが，やっぱりという思いだ。そうでないなら同じ失敗を繰り返した，ということではないか。

1号機中央操作室の放射線は上昇し続け，すでに約1000倍。避難指示は半径3kmから10kmに広げられた（5：44）。

原子力災害対策本部は8時半から対策会議としている。おそらくここで蒸気（放射能）放出の判断を決定するのだろう。住民に知らせてから放出するとしていたから。

この放出を，〈空気〉を放出するなどというヘンな報道が多いが，格納容器の中に空気などない。あるとしたらすでに格納容器が大きく破損して漏洩が始まっているということだ。格納容器内は，酸素を除いて窒素に置換している。第2報で書いたように，すでに燃料被覆管の破損が始まっており，中

央操作室が汚染しているくらいだから，格納容器内は相当汚染していることだろう。しかもそれは1号機だけではない。2・3号機も順番を待っている状態らしい。

ベント管といって，格納容器の閉じ込め機能をまるで否定するような放射能放出対策を何年か前に過酷事故（シビアアクシデント）対策として日本は取り入れた。単に水中に蒸気を導いて放射能を低減させただけで環境に放出するというものだ。それは，格納容器が水蒸気爆発や水素爆発で破壊される最悪事態を避けるためとされた。そんな状態になる恐れを，原発を受け入れた住民はなんら聞いていないし，もちろん了解もしていない。それこそが，「残余のリスク」（第2章【12】参照）という概念であり，新耐震指針で導入された。

想定外の超巨大地震というのも，約束違いだ。

ついに「原発震災」へ （2011/03/14/09：09）

──3月12日朝刊以来，各紙の報道は「原発の事故」に焦点を当てる。あたかも単独の原発事故のように表現されるが，とうとう原発震災だ。

マグニチュード9.0に修正された超巨大津波地震。福島県はもとより，救出作業中の人々や地震・津波で被災し避難している人々が放射線にさらされる恐れが，刻一刻と近づいている。

いや，すでに放射能は放出され続けている。1号機上部は12日の爆発で天井も壁も吹き飛び，もはや原子炉建屋内部と外界を隔てるものはない。大きな使用済み核燃料プールのあるフロアと同じ環境だ。地上正門付近でのたった一カ所の線量だけを報告するのは，いかにも欺瞞的ではないか。だが，それすらももう公表されなくなっているようだ。

枝野官房長官は，「8000m上空を飛んだ自衛隊機の汚染（検出レベル）」を糾す記者からの質問に対して，即座に「それは聞いていない」と応じた。そんな重要な情報がほんとうに初耳なら，情報源を聞き糾すなり，事実としたらたいへんだ，といった反応があってしかるべきだ。

北へ100km離れた東北電力女川原発のモニター10台はすべて異常を示している。13日零時頃急上昇し，通常の1000倍近い値，その後ほとんど下がっていない。もちろん女川原発自身からの放出ということもあり得るが，同社は否定している。少なくとも女川原発のモニタリングポストは機能している。原発もすべて冷却されたとして

いる。その違いはなんなのか。

　女川町は，津波でほぼ壊滅状態だという。丸1日以上にわたって孤立していた。女川原発で福島原発のような事態に陥っていたら，どうなっていたことか！　さいわい福島原発には援軍が近寄れる。「原発震災」には違いないが，最悪の震災状況と原子力災害とが特定の原発に集中しなかったことで，どれだけ救われていることか。もちろん，今後の福島の状況は予断を許さない。しかし，ここまで時を稼ぐことができたのは事実だ。いつもそうだと思ってはならない。

　東京電力や保安院，政府の情報隠しには，すでにマスコミからも苛立ちの声がたびたび発せられている。政府は事態の進展よりもパニックを恐れているかのようだ。その発表はつねに楽観的であり「現状では安全に問題ありません」と締めくくる。しかし市民がもっとも気にしているのは，今後なのである。早めに心構えや対応準備ができるような計らいが求められる。ヨウ素剤のことも，10km圏内では備蓄してあるはずなのだが，言及されるのをきいたことがない。

　その今後の見通しである。まったく知らされていないが，これまでの，とくに当初の発表からすれば，運転中であった第一原発の3機および第二原発の4機ともすべて不安を抱える。原発は運転停止（核反応が停止）しても，何万年と発熱し続けるため，絶えず冷却し続けなければならない。1号機のむき出しになった使用済み核燃料のプールの場合は，純水を循環させて50℃を超えない程度の湯加減のお湯につかっている。この循環が停止すればやはりアウトだ。

　考えたくもないが，とりわけ3号機の状況が危機的だ。海水の注水にもかかわらず，核燃料は水面上に半分ほどの長さがむき出しのままだという。水位計が故障しているのでなければ，おそらくどこか配管が切れるなど冷却水が漏洩し続け，すでに燃料溶融も始まっているだろう。

　こうして東京電力の誇っていた5重の壁がすべて突破されたら，さらに外に新たな壁を作るしかないだろう。爆発に備えて建屋のてっぺんから膨大な量の海水のシャワーを浴びせるのだ。原子炉内から飛び出す放射能を迎え撃ち，地球環境へ広がるのを防ぐこと，たぶんそれしかない。これはチェルノブイリ事故で，雨の降った地域が高濃度に汚染された経験から来ている。大量の放射能がその地域に雨と共に落とされたのである。しかしそんな装置はまだない。

　こうした覚悟をきっちりとこの国の住民に伝えておくべきであった。それは原発の負の部分を曝すことになるため，政府も電力会社もやろうとしない。だが，そもそもそれが間違いだったのである。こうした負の部分もすべて明かした上で，原発推進の是非を決すべ

きだったのだ。原発は、隠し事なくして推進できなかった。原子力開発の3原則「民主・自主・公開」はお題目でしかなかった。

私たちはその怠慢のツケを払うしかない。しかし、チェルノブイリのように世界中に放射能を撒き散らすことは避けたい。

なぜ「原発震災」と呼ばないのか？　(2011/03/17/10：03)

恐れられてきた原発震災が起こっている。ところがマスコミのどこにも「原発震災」の文字は見当たらない。

放射能を環境に洩らすことはない、としていた約束はいったいどこへ？

1・2・3・4号機はすべて破壊され、すべて放射能を放出している。5・6号機も、使用済み核燃料プールで水素爆発を繰り返す4号機と同様の状況にあり、時間の問題だ。

これらの原発事故の数々は、電源喪失（原発の停電）から始まった。その後およそ電源喪失による冷却失敗に端を発する原発事故の多種多様なパターンが繰り広げられている。

こんなことは地震による以外にちょっと考えられない。「同時多発」「共通原因故障」などと称する事態が地震をきっかけに生じている。だが原発は「多重防護」になっているからそんなことは起こり得ないとされてきた。それこそが地震を発端とする原発事故の特徴であり、一部の人々がこれを「原発震災」と恐れて警鐘を鳴らしてきた。とりわけ東海地震が予測される中部電力浜岡原発に対しては、全国から運転停止を求める声が殺到していた。

原発震災とは地震学者石橋克彦神戸大学名誉教授の命名だ。大地震が原発を直撃したとき、通常の震災と原発による災害とが複合した大災害が起こり得る。放射能のために、被災地に自衛隊やボランティアが救援に行くことが不可能になり、一方被災者も、原発事故だけならなんとか避難できるかもしれないのに、道路寸断など、地震による大被害のために逃げられない。その結果、膨大な命が見殺しにされ、震災地が放棄されてしまう恐れがある。事故の収束にも震災が妨げとなる。震災からの復旧はおろか、広範囲の住民に何世代にもわたって放射線障害や遺伝的障害を及ぼす。

石橋教授は、2005年に衆議院予算委員会公聴会でも公述された（「迫り来る大地震活動期は未曾有の国難―技術的防災から国土政策・社会経済システムの根本的変革へ―」第162回国会2005年2月23日）。ところが、まさに原発震災が現実となった今回の災害を、

マスコミはどこも「原発震災」と表現していない。なぜだろうか。少なくとも静岡県内では，これまでにそれなり市民権も得ていたと思うのだが……。

福島県にあっては東海地震のような直下型ではなかったので，直接震災を免れた地も多いようだ。だがすでにいくつもの胸痛む実話にぶつかる。

原発より北に位置する南相馬市は，津波により1000人以上の死者・行方不明者が出たが，第一原発からの距離により避難・屋内退避・その外と機械的に3分断された。20km圏内の住民は行方不明の身内を残したまま12日避難を余儀なくされた。

同市長は「海岸線から2km半まで津波にやられているのに被災者の捜索に行けない。30km圏内の屋内退避者にはガソリン，灯油，生活救援物資，食料などが届かず不足している」と証言。「情報も入らない。避難場所を確保して。国と県がなんとしても支援を。（マスコミは）現地に入って報道してほしい」と悲痛な訴え。

また静岡県が救助に向けた派遣隊員を，被曝の危険性が出たため福島県内の予定先から他地点へ変更した。

あるいは現地に救援物資を届け，多少なり被曝したトラックを，県外に帰すわけにはいかなくなったため，「放射能の影響で，福島県内への車の乗り入れを規制する」との連絡が福島県被害対策本部より入った等々，恐れていたことが現実になりつつある。

しかし，事故による避難に対しては，政府はあたかも原発事故単独と同様の対応しかできていないようだ。従来の防災で，震災との複合災害は否定してきており，原発震災に対しては無策だったからだ。

この先どんな酷い事態に進展するか予断を許さない。

Ⅱ 巨人に異を唱えた双葉郡の過去

　「東京電力と共に脱原発をめざす会」（略称，東電共の会）は，「原子力によらずに発電事業を」という要求を掲げて，今から23年前の1988年秋，同本社の重い扉を開いた市民の総称である。東京電力の消費者として，商品＝電気が安全であるばかりでなく，その生産から廃棄に至るまで安全な方法で発電事業を行ってほしい。その想いが遂げられるまでとの一方的な宣言で本社交渉を継続してきた。

　だが，その長きにわたる東京電力との付き合いを振り返ってみると，今回の福島「原発震災」は起こるべくして起きた，東京電力の体質に深く染み込んだ病巣と，それを取り除くどころか悪化させるばかりであった原子力安全規制行政の「誤」指導がもたらした結果であると断言することができる。私たちの必死の訴えにも警告にも耳を貸さず，あってはならない大罪を犯してしまった東京電力。今度こそ福島県民と一丸となって「東京電力が脱原発！」を実現させなければ……。

福島第二原発で重大事故

　東京電力本社交渉を始めてまもない1989年正月，福島第二原発3号機で，当時国内最悪といわれた重要機器の破損事故が起きた。異常を察しながら東京電力は運転停止を引き伸ばし，直径1m，重さ57tもある再循環ポンプ内をめちゃくちゃに壊してしまった。だが新聞報道は，原発が停止したことを告げる3cm四方ほどの地元紙ベタ記事のみであった。

　それから2カ月後の3月7日，東京電力本社で行われた「東電共の会」の交渉の席，東京電力社員の冒頭挨拶に仰天した。

　「今回の事故は原子力発電所の心臓部で起こった非常に重大な事故と考えている。東京電力として国民のみなさまに心からお詫びしたい」

　日本では大事故は起こらないと胸を張っていた東京電力。だが「心臓部」「非常に重大」「お詫び」といった言葉に，これは容易ならざる事態なのだと直感した。この日が，福島第二原発の再循環ポンプ破損事故に端を発する長い東京電力追っかけ（ウオッチング）のスタートとなった。

　それから10日後の17日，通産省資源エネルギー庁（当時）内に「東京電力（株）福島第二原子力発電所3号機調査特別委員会」が設置された。政府が大事故と認めたということなのだが，決して「事故」調査とは表わさないのであった。

序章　警鐘は間に合わなかった！

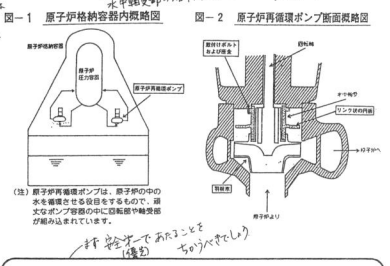

写真1　東京電力が地元で配布したチラシを筆者が添削

　その翌日、7日の東京電力交渉で得た回答をもとに、東京電力が2月12日に地元へ配布したというゴマカシだらけのチラシを添削して、あちこちの市民団体に知らせた（写真1）。チェルノブイリ原発事故の状況がようやく明らかになりはじめ、反原発を訴えて日比谷公園に2万人が集まった（1988年4月）翌年である。伊方原発の出力調整実験や泊原発の新規稼働などに全国から市民が押しかけ、「チェルノブイリを繰り返すな」とこれまでになく反原発運動が盛り上がっていった時期である。

地元に対する偽装欺瞞

　3号機の運転記録によると、この事故は12月はじめから兆候が見えるのだが、1月1日にポンプの軸の振動「大」の警報が出る。再び6日未明に同じ警報があり、本社が運転停止を決定したのが10時、発電の停止は7日午前零時、原子炉停止は3時47分、手動による停止だった（以上、経緯や日時は東京電力の発表による）。

　9日から定期検査に入る予定であったため、停止時期を引き伸ばそうとした模様だ。後にわかることだが、その結果、すでに千切れてポンプ羽根車の

上にぶら下がったリング状部品が，カンナとなって高速で回転する羽根車を長時間削り続け，とうとう2cm厚の羽根車上盤を全周にわたって貫通してしまったのだ。ところが東京電力のチラシには「1月7日から……の定期検査で」「ポンプの一部に破損が見つかり……」というストーリーになっている。これは運転中の事故と停止中の事故の扱いが法律上異なっていたためで，事故のため手動停止し定期検査を繰り上げたのに，7日から定期検査に入っていたと偽っているのである。規制庁の了解の上でなければ不可能なことだ。7日には昭和天皇が亡くなる。昭和64年が1週間だけ存在した，その間の出来事であった。

そればかりではない。チラシには，見事に東京電力の偽装欺瞞が満載されている。事故を「事象」とし，「ポンプ本体は壊れていない」，「炉内の燃料はすべて健全であることを確認」，破損した部分は「すべて回収済み」で未回収は「座金の一部のみ」と。極めつけは「羽根車拡大図」で，この図の羽根車はその後月日の経過とともにどんどん壊れていくのである。

翌年6月，私たちは同原発内で破損した羽根車現物と対面するのだが，そこでもなお偽装がこらしてあり，かろうじてそこに展示されていた事故発生時の写真によって真相を確認したものである（写真2）。

マスコミ報道も東京電力の発表が重

写真2　破損した羽根車（左）と取り替え用の新品（右）

大になるにしたがって次第に大きな記事となっていった。2月28日には「原子炉内から13個の金属片発見」だったのだが，3月17日に「炉内に約30kgの金属片・粉混入」となり，3月22日には那須社長がはじめて福島県へ謝罪に行き「金属片等異物を100％回収し，新品同様にしてからでなければ『運転再開』という言葉は使わない」と約束する。

地元へのこの約束は，地元了解とあわせ，2年近くにわたり3号機運転再開の条件となった。

4月7日には，「すべて健全であることを確認」（2月12日チラシ）していたはずの燃料集合体で，異物を検出したことが発表された。異物などとわかりにくい表現だが，これもずっと後に公表されたところによれば，燃料棒表面に細かい金属片が多数付着し高温で癒着した状態だ。冷却の妨げとなって炉心溶融につながる燃料破損の始まりである。

市民による事故調査委員会の立ち上げ

情報を小出しにする東京電力に対して，市民はアメリカの情報公開法を利用，米ポンプメーカーにより前兆となる事例が同じ第二原発1号機で2例報告され，原因は共振現象と推定されていることを知った。

一方，規制庁はどのような対応をとったか。8月11日，資源エネルギー庁の調査委員会は早くも事故の中間報告書をまとめた。共振現象にはまったく触れず，真の事故原因に迫るようなものではなかった。ことここに至って，規制庁に代わって市民自ら真相を究明しようと，学者も加えて「福島原発・市民事故調査委員会」（略称，市民事故調）を立ち上げた。

2年目，1990年の2月22日，資源エネルギー庁は「原因と対策に関する調査結果」（最終報告書）をまとめた。続けて健全性評価報告書をまとめて運転再開を図る魂胆だ。事故の原因は相変わらず溶接ミス（強度不足）としており，再発防止対策は溶接方法の改善で乗り切ろうとする方針だ。

根本原因である共振現象＝設計ミスには迫らない対症療法である。私たちは，この重大な「誤指導」を予見し，地元に訴えようと考えた。こうしてはじめて福島県双葉郡に入り，以後深い付き合いが始まることとなった。

まず立地町で講演会を開催し，その後集落へ入って1軒1軒戸別訪問して訴えてまわった。東京電力社長の約束である金属片等が100％回収できないのに運転再開するのか，という不安を抱える住民は，じつに真剣に話を聞いてくれた。見も知らぬ訪問者など門前払いでは，というのは杞憂であった。日常的に東京電力が戸別訪問をしているのである。一方的な安全の話しか聞かされていなかったのに，はじめて大きな不信不安にとらわれていた。訪問

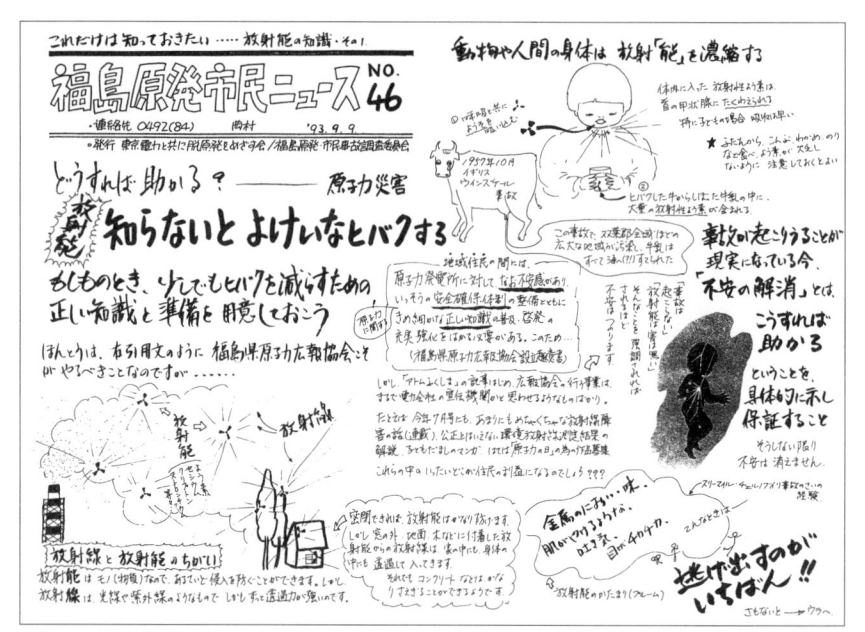

写真3 双葉郡で新聞折込した市民ニュース

先では、お茶に呼ばれたりお土産をいただくこともあった。掘り立ての筍をどっさり持たせてくれたのは、東京電力の社宅であった。議員や行政区長たちの見識ある態度にも感心した。議会といえば、批判的な議員（社・共）が1人いるかいないかの構成なのだが。

そうして福島第二原発の立地する富岡・楢葉2町で、運転再開に反対する全県全国の市民が、地元住民と心を通わせ共に闘うという、奇跡のような日々が始まった。

講演会のお知らせ等のチラシを新聞折込で入れることに成功すると、必要に応じ事実を伝えるため発行し、やがて「福島Ⅱ-3市民ニュース」（後に改題）とタイトルを付した（写真3）。東京電力や国が事実をごまかすためにつくる意味不明のチラシに対して、知りたいことに答え知らせたいことを噛み砕くことに留意した。発行元は東電共の会と市民事故調の連名だ。2町で5000部ほど、経費は全国にカンパを募った。

東京で公開討論会を東京電力と共催

一方、東京では、調査委の報告をもとにどんどん運転再開へ突き進んでいた。マスコミも東京電力側の発表と運転再開への予測を流すのみ。私たちは東京電力を牽制し真実を社会に訴える

ため，東京における公開討論会の共催を東京電力に持ちかけた。双方6名ずつの実行委員を選出し，実行委員会主催とする討論会である。そうすれば会社としての直接的責任はある程度緩和される。もちろん一筋縄では行かなかったが，何が何でも運転再開したい東京電力はこれに乗ってきて，ともかく6月10日両国公会堂（約800席）で実施されることとなった。

その準備の中で，市民側パネリストに現物を見せよと要求して，上述の壊れたポンプとの対面が実現したのである。東京電力は事故を起こした3号機のタービン建屋内に展示室（写真4）を設け，マスコミ等にも公開した。その場に，かねて求め続けた事故発生当初の写真が展示されていた。これだ，これ。たしかにリングは大小2つに割れていた（写真5）。

それまではすべてスケッチ図ばかり。公開された写真といえばただ1枚，前年末にメディアに配られたリングの写真のみで，金属調査のためとして幾つにも切断されていた（写真6）。溶接線からリングがそっくりはがれ落ちてしまった水中軸受けは，カラフルで今にも血が滴りそうな痛々しい姿だった。

すぐその場で，これらの写真を公開討論会の会場に展示することを要請した。今では考えられないことだが，約1年半もの間，東京電力はこれらの証拠写真を秘匿し続けたのであった。

公開討論会にはたくさんのマスコミ

写真4　福島第二原発3号機タービン建屋に設けられた展示室

写真5　1年半後にようやく公開された事故発生時の破損したリング

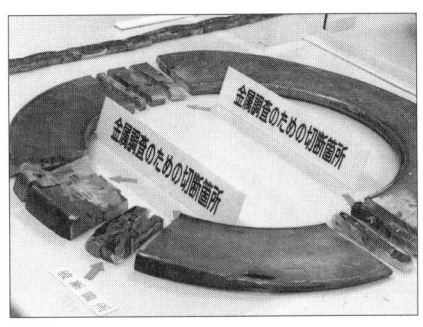

写真6　マスコミに唯一公開された写真

が押しかけ，地元はもちろん全国的に大きく報道され，原因究明も再発防止策も不十分であることを知らせるという点では大成功であった。聴衆は反対派で占めたわけではない。双方半分ずつの持ち分とし，東京電力関係者にも聴いてもらった。地元4町の議員や町長なども招請した。経費も折半とした。今思うになかなか先進的だったと思うのだが，東京電力はその後二度と共催には応じていない。

福島第二原発ゲート前でハンスト

両国で禊を済ませたとする東京電力は，資源エネルギー庁・科学技術庁と共に，地元でも着々と運転再開へ向けて駒を進めていった。金属片の回収，洗浄を経て，残存金属片の存在を認めながらも健全性を保証する。第二原発および隣の第一原発の立地町で，2日続けて大々的に住民説明会が開催され，電源交付金で建てた会場の立派な市民会館は双葉郡全域の住民で埋め尽くされた。

同時に2町議会は陥落し，燃料搬入の地元了解に同意してしまう。だが市民はそんなことではあきらめない。夏休み中滞在してゆっくり地元で活動できるようにと，避暑を名目に私は空き家を一軒借りた。広いが今にも朽ちそうなそれに「富岡セミナーハウス」という洒落た名前をつけた。

ハンストを決意する若いお父さんも現われた。第二原発のゲート前にある藤棚の下で座り込んだ。噂はたちまち町中に広まり，夜を待って藤棚に差し入れしたり話に来る住民が徐々に増えていった。友が友を呼び，全国からはもちろん多数の市民が入れ替わり立ち替わり訪れた。8月10日，土砂降りの雨をともなう台風のもと，燃料搬入が強行されてしまうと，25日にわたるハンストを解いた。敗戦記念日であった。

残る争点は運転再開への地元同意だ。ここで地元2町の住民が住民投票の直接請求に動き出した。署名すら考えられなかった原発立地町で，住民が自ら立ち上がった。国労の闘士などが健在で，社会党系の組合が中心になり，夏のはじめに郡内で9000筆ほどの運転再開反対の署名を集めて手ごたえを感じたようだ。だが議員たちは不安を抱える本音を吐露しつつも，9月下旬，2町ともに有権者の汗の結晶たる直接請求を賛成少数であえなく否決してしまう。住民投票を行えば再開反対が多数になってしまうから，というなんとも正直な理由であった。

自主住民投票

地元の同意とは何をもって決めるのか。町長や議員が決めていいのか。正規の手続きで住民投票をやらないというなら，自分たちでやろう！　自主住民投票だ！　できることは何でもやろ

う！ あきらめないぞ！

　10月7日，富岡で予定していた反対集会とコンサートの折に，可否を全員で議論した。地元住民，社共，県内外の市民などこれまで関わってきた主な顔ぶれがそろっていた。60人以上もいただろうか。自主的に住民投票を実施した事例が紹介された。だがなんとしても時間がない。はじめは否定的な意見が圧倒的だった。とくに第二原発設置許可取り消しの行政裁判を担ってきた住民は，実施しても少数の投票しか得られないから，足元を見られてかえってマイナスだという。

　しかし今は違う。原発で働く本人や家族に，1時間，2時間と玄関先で引き止められ不安を訴えられたことも一度や二度ではない。繰り返し町内を歩いた感触から，8割前後の住民が反対であり，決して少数派ではないこと，匿名ならいけるという確信があった。

　長時間にわたっていねいに議論を重ねた上で，投票はがきによる無記名投票を実施する，10月下旬と想定される議会をにらんで26日「原子力の日」を開票日とし締切は前日消印まで，実施主体は運転再開には中立の立場とすることなどが合意された。賛・否では紛らわしいので，運転再開に「同意する」か「同意しない」かのいずれかに丸を付ける二者択一とした。

「地元了解」に異をとなえた原発城下町の住民

　開票まで3週間もない。直ちに行動に移した。印刷機も折り機もある。まず学者で非核自治体宣言運動の西田勝法政大学教授を代表に「運転再開を問う住民投票を実現する会」（以下，実現する会）を結成。1万7000人余の全有権者名簿の書き写し，受取人払いの局留めはがきによる投票用紙の作成，それらを世帯別に封書で郵送，同時に街宣車を回しての投票呼びかけ等々，

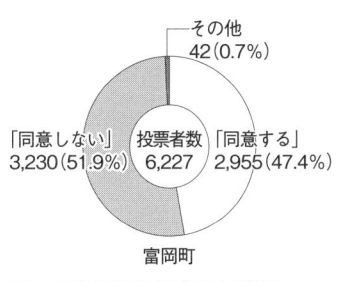

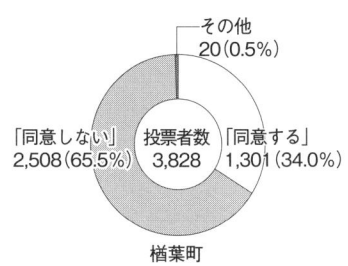

	その他	投票者数	「同意しない」	「同意する」
富岡町	42 (0.7%)	6,227	3,230 (51.9%)	2,955 (47.4%)
楢葉町	20 (0.5%)	3,828	2,508 (65.5%)	1,301 (34.0%)

図1　運転再開を問う住民投票

*単位は人数。富岡町の有権者数は11,128人，楢葉町の有権者数は6,165人。投票率はそれぞれ56.0%，62.1%。
*有権者数は9月1日（富岡町），2日（楢葉町）現在の有権者数名簿より転居先不明で戻った分をひいたもの。
*10月26日開票日より最終締め切りの日の11月5日までに計83通が加わった。

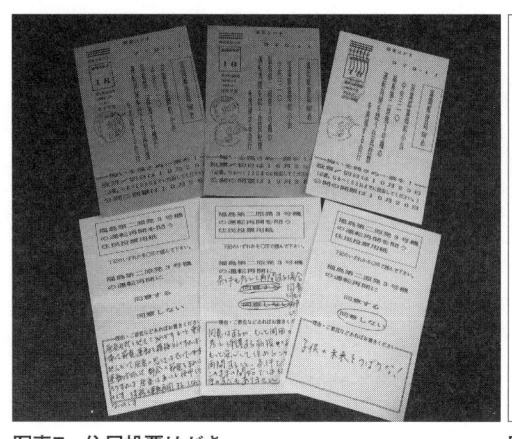

写真7　住民投票はがき　　　　　　　　　写真8　住民投票の報告冊子

猛然と動き出した。それらの作業への応援とともに，必要経費のカンパ集めを全国に発信した。

2町に新聞折込で広報するや，有権者から連日ものすごい反響が届いた。熱狂的に歓迎されたのだった。投票権のない未成年者や2町以外の住民からも，自分も投票したいという切々たる声，「東京電力がはがきを回収してまわっているゾ」という告発もあった。

だが22日，2町議会は住民投票の開票を待たずに全員協議会を開催，「町長一任」と回答を出してしまった。楢葉では，住民投票の結果を待ってからという意見をはじめ発言者は反対意見ばかりなのに，採決もせず議長は集約した。富岡では，あれだけ話し込んだ議員たちも同意し，反対はたったの1人であった。

26日，局留めの封印された束を開票場へ運んでマスコミ公開のもとで開票作業を行った。結果は，地元2町の有権者1万7000人余に郵送した投票はがきのうち約1万枚が回収された。運転再開への反対は最終的に5738人，6割弱（図1），コメント欄に貴重な一言が添えられたはがきは2000通に達した（写真7）。この貴重な証言は，自主住民投票の報告として冊子『富岡町・楢葉町2000人の声』（写真8）に収録，1冊200円で双葉郡内の書店に置いてもらった。

東京電力本社へ

自主住民投票を終えた市民の側は，結果を尊重するようにと開票後直ちに2町長へ報告・要請するとともに，3日後には1万の住民投票はがきを入れた，舌切り雀のつづらのような大きな茶箱を持って東京電力本社へ。地元了解を再開の条件としていた社長に面会

を求めた。

ここで対応した佐々木正原子力業務部長ははがきのコメントにも目を通し，誠意ある対応をしてくれた。だが会社の壁は厚く，改めて池亀亮原子力本部長が会う，それまでは運転再開しない，との約束を取り付けるまでに30時間を要した。その間警備にかり出されていた社員がこぼしたように，責任者が出てきて直接対応すればすむことを，数百人の社員を足止めして警備にあたらせ逃げ回ったのだった。

約束の11月2日は，説明会と称しわずか2時間の約束，会場は道路を隔てた別館に移された。池亀本部長は詫びの一言もなく不遜な態度に終始し，時間が来ると「私は忙しいんだ」と逃げるようにして立ち去った。これが地元に対する仕打ちかといたく反発を感じた。

住民の意思がはっきり数字として表わされたにもかかわらず，地元でもこれを無視，2町長そして佐藤栄佐久知事は同じ11月2日，運転再開に同意を与えてしまった。これが正式な法的根拠に基づく住民投票であったら，どういう結果になっていただろうか。

住民意思に反して運転再開強行

11月5日，1年10カ月ぶりに3号機は起動した。那須社長は3号機の起動後，「風通しの良い情報を考えることも重要だ。もちろん隠したり，ごまかしたりするのは論外だ」と電気新聞（11月7日）のインタビューに答えている。だが東京電力はその後，市民事故調や東電共の会との交渉すら当分持たないと言い出し，硬化する。

続けて司法の判断も下りる。12月27日，3号機運転差止めの仮処分申請に裁判所の決定があり申請却下となった。商法に基づく取締役の行為差止め請求なのだが，株主の権利も運転再開は危険とする私たちの主張も否定されたわけではなく，通産大臣や原子力安全委員会が承認したのだから，専門家ではない取締役の責任は問えない，という理由であった。行政から独立しきれない司法の限界であった。

自主住民投票は，物言わぬ住民の不安がはじめて大量に表に出た特筆すべき出来事だった。その双葉郡の住民が今，危惧された原発事故が現実となった艱難辛苦の中にある。当時私たちは「滅びてなるかふるさとは」と，チェルノブイリを繰り返さぬように訴えてまわったのである。返す返すも悔しい。

原子力に対する不信・不安は広がる

その後も私たちは，第一原発の地元大熊町，東北電力の原発予定地のある浪江町と事務所を北上しつつ，折に触れ『福島原発市民ニュース』（写真9）というB4版両面印刷手書きの住民向けニュースを新聞折込で双葉郡全域に入れ続けた。印刷機も購入して2万部

強をすべて自分たちの手で発行したのである。99号まで発行したが，反応もよく住民のほとんどはその存在を知っているといわれた。一般市民，いわば不特定多数へ向けての筆者の原稿は，ここに原点がある。

　一方，東京電力はその後，福島第一原発でのプルサーマル開始につまずき，福島県との関係も悪化，不正の東京電力というレッテルを貼られるような状況が続いていく。関西電力の美浜原発2号機の細管破断による冷却材喪失事故（1991年），同プルサーマル燃料不正事件（1999年）と，原子力安全規制庁の黒星も続いた。1995年にはもんじゅ事故，1997年には東海再処理工場の爆発事故，1999年にはJCO臨界事故と，重大事故の連続である。そうして原子力に対する不安と不信が広がる中，ますます情報操作や安全神話の強要のために資金を投入する悪弊が定着していったのではないか。

　ちょうどバブルがはじけて経営上の締め付けが強くなってきた時期である。すべてに経費削減の影が覆い被さり，やってはならない原子力の分野まで侵していく。東京電力本社交渉で接する原子力センターの社員たちの対応を通しても，自信喪失と投げやりな雰囲気……，漠然とそんな感触を得ていたところであった。すべてを公開してオープンに議論を戦わせ，消費者に選択を

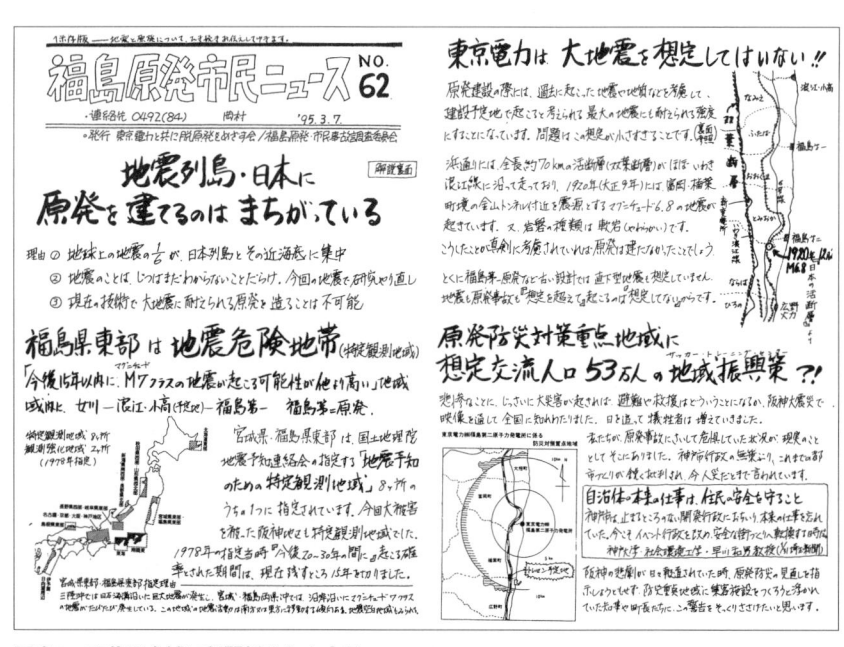

写真9　双葉郡全域に新聞折込した市民ニュース

迫るという道を選んでいれば，今回の悲劇は避けられた可能性がある，と思われてならないのである。

自発的な行動が支えた市民運動

福島での運動のスタイルは，およそ東京電力とは対照的であった。代表というものは決めたためしがない。めだかの学校だ。必要に応じて自然とリーダー格が生じる。初対面にもかかわらず役割分担もその場で適任者が自発的に引き受ける。だから行動はすこぶる早い。絶えず状況が動き事件が勃発する中で，アイデアが飛び交いその場の者で決め実行していく。だから状況に応じていつでも軌道修正し変更する。判断基準は当面の課題だ。目標がはっきり捉えられていれば，それで十分機能する。否，そのほうがうまくいく。サラリーマンや組織にはまったく理解できないことだろう。

自覚してそういう方法をとったわけでもない。その時々の方針，たとえば「運転再開を許さない」という方針さえ全員に共有されていれば，その目的に照らして判断する。上意下達はないから，みんなが対等に発言し創意工夫し，自然と一人ひとりが責任をもつ。この創意工夫がすごい。自分自身自由な発想をするほうだと思うが，まずユニークな人が多くてビックリした。「枠」というものがない。解決へ向けてなんでも実行してしまう。なにが飛び出そうと，一所懸命の故であると信頼しあっているから，衝突するということも稀であったと思う。ほとんど記憶にない。じつにたのしく愉快な日々であった。柔軟と創意工夫，そして行動力，一口で言えばそれが特徴であった。

会員など固定したメンバーなどいない。全国に門戸を開き絶えず出入り自由。構成は老若男女，なぜかどの場面においても男女はほぼ同数だった。これが男社会の東京電力ともっとも異なる点かもしれない。会費も一切なし。すべて自腹を切ってのボランティア参加であり，全国から集まるカンパで必要経費は賄う。足りなければまたカンパを呼びかける。そうした情報発信は全国向けに発行した「はいろ・プロ」ニュースと自主的な電話。知り合いから知り合いへと，全国に情報発信されていった。もちろん地元住民からの差し入れも多く，米など余るほどいただいた。

富岡セミナーハウスでの一風景を，「はいろ・プロ」ニュースから抜粋する。

「……あれだけ質素なくらし，ワタの見える布団，ガスコンロ1ケで数十人の食事作り（炊飯器もなくてデスヨ）……。スマートなマンション生活は虚飾の巣窟かもしれませんね。ついには押入れに雨漏りの生じた，タタミの波打ってきた家だったけど，家中匂う自分たちの廃棄物（注：汲み取り式）の香をイヤがるふうもなく……くらし

たのでした。」(90.12.26 No.11)

双葉郡で出会った忘れえぬ人々

どこへ行っても私が頼るのは組織ではない，ひとである。どうしても記しておきたいのは，双葉郡で出会った古老たち。いぶし銀のようなその姿は，すでにない。しかし当時の筆者にとっては，地域の物識り以上に人生の善き師であり，何かと相談にお邪魔した。

楢葉町では，運転再開へのアンケートを地区の中学生以上の住民全員に求めた第二原発の地元波倉の区長さんや床屋ご夫妻，富岡町で雑貨店を営む古き良き共産党員，そして浪江町棚倉で東北電力の原発予定地にあって，土地を売らない闘いを続ける反対同盟の桝倉隆さん。彼らに共通するのは，人間としての尊厳，東京電力に対しても威張らず卑屈にならず，どこまでも端正な姿勢。一方，双葉町の鶴島常太郎さん，農業委員をつとめた大熊町の社会党員浦野誠康さんは熱血漢でもあった。どなたもみな，いつでも温かく迎え，惜しみなく必要な情報を親身になってご教示くださった。しかし，どんなことをされてきたのか，どんな生き方をしてこられたのか，もっと人生の先輩としてのその深い経験を聞いておくべきだったが，自分の抱える課題で精一杯の筆者には，そこまで視野に入れるゆとりがなかった。

住民投票などを通して知り合い，その後，共に手を携えて歩いたのが双葉郡を中心とする女教師たち。教員組合双葉支部は富岡町に2階建ての教育会館をもち，専従職員も置いていたので，ほどなく脱原発へ向けての活動の中心を担うようになった。その支部長を務めたことのある元中学校社会科教師の林加奈子さんを知ったのは定年退職されてから。いたって物静かなのだが，憲法はもちろん人権・差別などの問題を深く理解され，なおかつ理念だけではなく職場でも家庭でも実践をともなっているのであった。失礼ながら，福島の地で男女共同参画の高い言動に出会うとは，と驚いたものである。全国を見渡しても女性の組合支部長など，教組でもめずらしい時代のことである。

彼女を代表に市民として「福島原発30キロ圏・ひとの会」を立ち上げたのは，双葉郡が今日のような事態にならないことを心底願ってのことであり，「市民ニュース」の発行や講演会，映画会等々を折に触れ企画しプルサーマル反対などの声をあげ続けた。チェルノブイリの経験から30キロ圏を名乗り，旧小高町（現南相馬市）民まで，小中学校教職員をはじめとして明るい女性たちが集まった。それらの活動の場を提供くださったのは第一原発隣接の浪江町の教会で，原発の立地町ではないという微妙な違いがあった。原発は人や生命とは共存できないという信念の牧師夫妻なくしてできなかった活動なのだが，やがて司令を受けて遠く

へ異動されてしまった。加奈子さんも浪江町にお住まいで，私たちの双葉郡最後の事務所は彼女の隣家となった。今は同町内でも市街地としては汚染の高いほうとなっている。

大勢の力を背にしこの日々は希望に満ちて生かされており
(原発の増設反対を掲げた県議選に5794票)

双葉郡での加奈子先生への敬愛と信望は厚く，1995年4月の県議選でそれを目の当たりにした。自民2の双葉郡指定席に社会党の推薦を受けて挑戦，「5000票とったら無視できない」と現職の吐露する中，投票総数の15％5794票を獲得した。出馬表明から1カ月もなく，公認候補でもない。党中央の変貌を受けて原発反対を明言できない中，市民は社会党とタッグを組んだのだが，県外市民からも労組からもなかなか熱い応援を得るには至らず，かなり限られた人数で選挙戦をこなした。

だがこの社会党との共闘が成立した裏には，石丸小四郎氏をはじめとする同党双葉総支部でひたむきに脱原発を希求するメンバーと，「脱原発福島ネットワーク」代表の佐藤和良さんたちの熱意があった。4年前の県議選のあと，双葉町議会が抜き打ち的に第一原発6・7号機増設決議を全会一致で独断専行していた。大事故後の運転再開からわずか10カ月後のことだ。

それから3年後の1994年8月22日，東京電力は第一原発に2機増設の計画を発表した。こうした中で増設阻止・無投票阻止の一点で党県本部の推薦を取り付けることに成功したのだった。「お互い足を引っ張らないで，手を引っ張ろう」が合言葉になったという。地元「ひとの会」の面々も同じ気持ちで，口々に加奈子さんに立候補を勧める。社会党の推薦などなくてもやろうというほどの勢いで，ついに本人の決意を引き出した。

「原発に対する不安が大きくても，黙って耐えているのは自分をごまかしていることになりませんか。自分の命を守ることを本気で考え声にしていくことこそ大事だと思います」

これは選挙後に予定されていた双葉町議選候補に向けた彼女の一文だ。当時はオーバーに聞こえたかもしれないこうした地元の声も，3.11以後の今となっては余りにも痛ましく響く。また，十数首の和歌と共に，地震への不安が大きいこと，これ以上の原発はいらないという声が増えてきているとの実感をもった，とも記している。

阪神・淡路大震災はこの年の1月のことであった。双葉郡も，他の立地地区同様地震への不安におおわれていた。声にならない有権者の思いを彼女たちの熱意が再び数字にした。高木仁三郎氏，広瀬隆氏らの応援弁士は遠慮なく双葉郡で脱原発を訴えた。

サッカートレセン「Jビレッジ」前史

もうひとつ書いておかねばならない

ことがある。20km圏内立入り禁止となって以来、福島第一原発の事故対応拠点のための前線基地となったJビレッジのことだ。

東京電力は、1994年の第一原発2機増設計画発表の際に、同時に130億円の国内最大のサッカー強化拠点（トレーニングセンター）をプレゼントすると公表した。2002年のワールドカップ招致をターゲットに、日本サッカー協会と練り上げた具体案が披露された。「一番人気のないものは、一番人気のあるものとの抱き合わせで、押し付ける」（「はいろ・プロ」ニュースNo.49）と私たちはあきれた。

しかし、佐藤栄佐久知事は、増設には首を縦に振らない。環境影響調査の申し入れに対しても、許可することなく、「やりたければ勝手にどうぞ」と。これを受けて、東京電力は申し入れから1カ月もたたずにサッカートレセンを原発増設と切り離し「別々に」とし、「原発増設分の建設費から」としていた巨額の経費捻出予定も変更。以後、猪苗代水力発電時代からの長年の福島県の協力に対するお礼であり、県の求める恒久的な地域振興策だと主張し続けた。私たちは増設とセットだとしてトレセンにも反対を表明し、さまざまの取り組みを行った。県議選もそのひとつだった。

地元では増設をめぐる動きにトレセンの予定地がどこなのかという期待と憶測が重なりかしましくなった。当然双葉町、もしくは原発の立地する4町、という期待に反して東京電力が決定したのは、4町の中でも最南の楢葉町と火力増設を同時に公表していた広野火力発電所の立地する広野町にまたがる広域であった。第二原発から10km圏内、第一原発からはちょうど20kmあたりであった。建設予定地が決まってもなお、私たちはこのような大きな集客施設を原発の近くに造ることに警鐘を鳴らし続けた（写真9）。

表書きどおり東京電力は1995年9月にサッカートレセンのみ着工、97年に完成し福島県へ寄贈した。原発増設計画のほうは県へ申し入れることもなく毎年計画の繰り延べをしてきたが、原発震災を起こしたことを受けて2011年5月20日、中止を決定した。

世界に誇るサッカートレーニングセンター「Jビレッジ」は、まるで今日の原発震災、東京電力自身のために建設したような結果となっている。だが、もしも双葉町内に建設されていたら今頃はどうなっていたことか……。

第1章
警鐘！原発震災

東海地震の切迫性が語られる中，想定震源域直上に設置されている中部電力浜岡原子力発電所の危険性を危惧する声が高い。大震災の中で原発が過酷事故を起こせば，被災者の救助も災害復興もままならず，人類が経験したことのない未曾有の惨禍「原発震災」に見舞われる。「地震は止められないが，原発はひとの意思で止められる」と警鐘を鳴らし続けたい。

【1】国際基準より高い浜岡原発の過酷事故発生確率 (2004/11/30)

　地震により原子力発電所の危険性はどれだけ増すのだろうか。

　原発が地震国日本に設置されてから38年，地震により重大事故を起こす確率が初めて試算され，2003年9月に出された報告書「確率論的耐震安全評価（地震PSA）」に記載されていたことがこのほど明らかとなった。

浜岡原発の重大事故の危険性，地震を考慮すれば不合格

　試算したのは独立行政法人原子力安全基盤機構（JNES）。サンプルとして福島原発，大飯原発（福井），浜岡原発の3つのサイトが選ばれ，地震により米国スリーマイル島原発事故（1979年）のような「過酷事故」が起こる確率を求めたところ，中部電力浜岡原発は国際原子力機関（IAEA）の基準の6倍も高いリスクを抱えていることが判明した。11月22日，毎日新聞がスクープ，一面トップで報道した。

　ここでいう過酷事故とは「炉心損傷事故」といって，膨大な熱を発生する核燃料を密閉しているさや管が融けたり破裂したりして壊れ，中に閉じ込めておいた放射能を炉水中に放出してしまうような深刻な事故を指す。スリーマイル島原発事故では，放射能をそのまま環境へ放出する結果にはならなかったとされているが，炉心は溶融へと至っていた。

　IAEAでは，地震があろうがなかろうが理由の如何を問わず，このような炉心損傷をもたらす危険性を，40年の寿命期間に一定の確率「1炉年当たり0.01％以下」（炉年＝炉の数×運転年数〔延べ年数〕）におさえるよう，新設の場合にはさらに一桁下げるよう推奨している。0.01％以下とは，1を基準とする確率の通常表記では0.0001で，1万分の1ということになる。

　英国や米国ではすでに確率の上限を定めている。日本のような人口密度の高い国ではさらにリスクを低く設定すべきだが，震源断層の直上に位置する浜岡原発が1年当たりに換算して約0.06％と，このIAEAの基準を満たせず，その6倍もの炉心損傷確率になったということは，東海地震の切迫性と地震の規模が反映された結果といえる。原発震災への危惧をはじめて数値化したものであり，直ちにそのような原発の停止を求めるべき合理的な理由を与えるものだ。

電力会社の試算では浜岡を除外

　さらに11月25日の毎日新聞続報は，電力会社の共同研究として去る10月26日，東京電力福島原発と関西電力大飯原発について試算した結果が原子

力安全委員会に報告されたことを伝えた。その結果は、どちらもIAEAの基準の100分の1であったとしているが、なぜか最も高いとされた浜岡原発については試算していないという。この2例はJNESの試算結果では、1炉年当たりの確率に換算すると福島原発が約0.00004％、大飯原発が約0.01％となり、大飯原発はIAEAの基準すれすれであった。これに対し、電力会社の共同研究ではどちらも約0.0001％となったという。ここでは対象プラント（原子炉）の試算に使われたデータや手法は明らかにしていない。

JNESは、3年間の予定で現行の原子力施設の耐震設計審査指針の見直しを進めている安全委への支援策として、耐震安全性の定量的評価のために地震PSAの手法を研究してきた。具体的なプラントの確率を求めることが目的ではなく、PSA手法確立のために現実のサイトを想定してサンプル計算したものという。JNESは開発した手法に自信をもっていて、原発の耐震安全性を確率的に評価する方法は米国などで実用化され、だれが試算しても極端に結果が違うことはあり得ない、としている。

JNESの試算は実際のプラントデータが企業秘密により入手できないため、福島、浜岡については沸騰水型原発で公開されている唯一の代表的プラント（柏崎刈羽3号機と思われる）の数値を使用して試算したものだが、大筋において違わないと認めている。

電力会社が、JNESの試算を認めないというのであれば、公明正大に浜岡原発の実際の数値を当てはめて試算し、すべてを公表すべきだろう。

【2】耐震設計審査指針見直しのゆくえ (2004/12/15)

原子力発電所という「バクハツ物」を、わが国は自らの手で自らの大地に仕掛けてしまった。この事実を国は認めざるを得なくなったようだ。

襲撃があり得る、という判断だ。

一つは自然による襲撃、もう一つはテロ・戦争など人による襲撃。今まさに国はその双方への対策に乗り出そうとしている。はたして最善の対策とは？

原発は「自爆装置」

後者、人の襲撃に対しては、国が原発に運転停止を命令すること、電力会社の電力供給義務を免除することなどを盛り込んだ報告書が2004年12月3日にまとめられた。これをもとに、関係省庁が来年度中に有事対応マニュア

ルを作成するのだそうだ(読売新聞12月4日「原発,有事には国の命令で停止　電力供給義務も免除」)。

　報告書では,大規模テロなど原発が直接の危険にさらされる緊急事態の場合は,緊急停止も考慮している。だが,そのときになって緊急停止しても間に合わないのは百も承知のはずだ。原発は止まっていれば安心,というものではない。どこかおかしい。

底が知れない自然の威力

　一方,自然の襲来とは,言うまでもなくまず大地震である。2004年新潟県中越地震で,ほぼ震源直上の地震動データが採れた。地震の規模はマグニチュード6.8で,大地震の範疇には入らない。だが震度は7,それもこれまでとは違って,計測震度計という計器で測定されたもの(第4章【28】参照)。地震動の最大加速度2515ガルを記録した川口町の震度計の数値である。

　この川口町にもしも原発があったら,と想像してみよう。東京電力では柏崎刈羽原発で450ガル,福島原発で370ガルの揺れまでしか想定していない。日本で最強の揺れを想定した浜岡原発の設計用限界地震でも,新設5号機でさえ600ガルでしかない。

　浜岡1・2号機は建設時285ガルの想定であった。電力会社の言う地盤増幅率(原発は岩盤に直接設置するので地表とは異なる。地表では2～3倍に増幅されているという主張)を考慮に入れたとしても到底実測値には及ばない。

　この開きは何か？　計測機器の進歩,設置台数の増加,大地震の発生,これらが相俟って近くで発生した大きい地震のデータが捉えられるようになったのだ。遠くの小さな地震の観測データを基に作成した経験式を採用している現行耐震設計審査指針の限界を如実に示すものといえよう。

　しかし原子力の分野では,これまで浜岡原発であれどこであれ「想定される地震動に耐えられる」「想定を超えるような地震動は起こらない」と頑迷に主張し続けてきた。

原発における耐震指針の見直し

　ところが,である。いつの間にか国は想定を超える地震動を考慮しようとしていたのである。その手法が前回紹介した確率論的耐震安全評価(地震PSA)で,耐震設計審査指針の高度化(見直しとは決して言わない)と称して原子力安全委員会で進められている議論だ。

　その検討段階で,浜岡原発サイトでの地震による炉心損傷確率が試算され,40年間で2.4％,1炉年当たりでは0.06％という驚くべき高い値となっていることを毎日新聞が1年後になって見つけた。これが11月22日朝刊のスクープだった。

　浜岡には原子炉が5機存在するから,

稼働中の40年間に設計用限界地震動を超える大きな地震動に遭遇し、少なくとも1機が炉心損傷事故を起こす確率は数倍となって約10％という信じられないほどの高さになる。

こうした都合の悪い数字が出てきたためであろう、ここへ来て新しい地震PSAの採用方針を格下げしてしまおうという動きが出てきた。新指針策定の最終段階に来ている11月30日の耐震指針検討分科会に提出された安全委事務局の新指針試案は、地震PSAを電力会社の自主評価に委ねてしまおうというもので、地震学者をはじめとする良心的かつフェアな分科会委員たちからの強い反発を招き、12月中に新指針案取りまとめ、としていた予定は吹きとび、先行きは混沌としてしまった。次回は12月17日に開催される。

中部電力の想定している設計用限界地震動は甘すぎるという思いを、中越地震の後、地震学者たちはさらに強くしているに違いない。平然とそうした危惧を切り捨てることのできる人間がいるのだろうか？ 翌日の報道では、国の審査指針に取り入れたとき、既設の一部の原発でクリアできなくなる恐れから、と推定されている（毎日新聞12月4日、さらに12月7日に詳細）。

浜岡原発震災は首都圏の問題

事は静岡や東海地方だけの問題ではない。むしろ東海地震による直接的震災被害はそう大きくないはずの首都圏こそが、浜岡原発の風下にあたるため、水源池はじめ甚大な被害を受けることになるのだ。

明らかなリスクを示唆する数値が出た以上、中部電力は正々堂々と解析を行い、受け入れられるリスクか否か議論するべきだろう。リスク回避のヒントは、冒頭に紹介した、もうひとつの「襲撃」への対策の中にある。

【3】とんでもないクリスマス・プレゼント、浜岡4号機起動 (2004/12/26)

2004年12月23日、中部電力は定期検査中の浜岡原発4号機を起動してしまった。この正月は「4機全停のお年玉」か、という期待はみごとに裏切られた。

4号機のシュラウド（炉内隔壁）は新たに下部に猛烈な亀裂が見つかり、それも進展の止まらない性質のものと中部電力自身が認める。地震時にはいったいどうなる!?

4号機の検査についてはまったく憤懣やるかたない。めずらしく静岡県が報告漏れの件で異議申し立てをしたために、前日の22日、原子力安全・保

安院が県に説明に来た。だが他に例を見ないほど派手なひび割れを抱えたシュラウドを修理もせず、「健全性評価」という計算だけで運転許可を与え、県もまた報告漏れに対する何のペナルティも与えず、保安院の説明で了承してしまった。

福島県知事、原子力委でずばり苦言

同じ22日、福島県の佐藤栄佐久知事は自ら要請して原子力委員会で行われている長期計画策定会議へ出向き発言を求めた。その日が原子力施設の安全確保をテーマとした3回目で最終回、まとめの予定とされていたからだ。

知事の動機――。

「私はやはりここで言うべきこと言っとかないと、日本の原子力政策はよくならないと思いますので。安全確保もできない」「私にとって一番大切なのは(原発の)周りで生活している地元。そして万が一放射能漏れでもあったら、会津も含めて全部、農産物も売れなくなるんですから」

知事は、保安院がこの9月に見逃した福島原発の配管にみられた減肉を、具体的数字まで挙げて追及した。そして規制庁である保安院を経済産業省から分離独立させることを強く要請、美浜死傷事故を起こした関西電力の社長を「この会で安全確保について語る資格ない」と明言、同社長を委員に迎えている原子力委員長の責任を厳しく問うた。

情報公開、透明性、説明責任

福島県は県民の安全を守るため、自ら運転再開の同意のためのチェック体制を作り、内部からの告発の受け皿も作っている。(県にせよ国にせよ)この受け皿の存在は大きい。

東京電力は現在、「内部告発」が怖くて隠し事ができない、というこれまでとは逆転した職場になりつつあるはず。これまで監視されてきた(と感じている)作業員が、現場で隠し事を強要されないこと、納得のゆく説明を現場で受けられること、それらが保証されたとき、だんだん透明性が出てきて、職場の安全も地域の安全も向上するのではないか。国の規制がどこを向いているのかふらつく今日、県(地方自治体)にできること、その及ぼす影響は大きいと感じる。そしてまた県民も、まめにそうした要求を県に届けていくことが不可欠だ。

「(地方においては)情報公開、透明性、説明責任、国→市民というベクトルを市民→市町村→都道府県→国に変えようという動きまで今起きている」

これもまた知事の言葉だ。その結果として今の知事がある、ということを私は証言する。

【4】世紀の津波災害と日本政府の責任 (2005/01/07)

2004年12月26日に起きたスマトラ島西方沖地震の津波災害は人災であり，国際政治の責任である。世界のツナミ・エキスパートであるはずの気象庁も，津波の発生をいち早くキャッチし世紀の大災害を予見しておきながら，警告を発しようとしなかった。

日本には影響ない?!

気象庁の解説，2004年12月27日16時の報道発表資料「2004年12月26日09時58分頃のスマトラ島西方沖の地震について」によると，地球を何周もした大きな地震波を日本でも観測したとあり，また今回の地震の余震分布図がついていて，主な余震が記入されている。余震域は南北に細長く，長さ1000kmほどもあり，本震はその最南端で起きた。震源の深さは10km，震央はスマトラ島の北端西方沖。

呆れたことに，気象庁では，この世紀のツナミ被害について2005年1月5日現在までに，上記の1件しかプレス発表をしていない。それどころか地震発生46分後に津波情報を発しているのだが，なんと「日本には影響ない（わが国には関係ない）」というもの。今回の日本人被災者がいずれこのことを知って，きっと大問題になるのではないか。否，それを待たずに私たちが問題にしなくてはならない。

津波が多く研究の進んでいる日本としては，地震の状況からすれば，大きな津波が予測できたことは間違いないし，それを少なくとも現地の大使館や邦人観光客にだけでも伝える方法はいろいろあったはず。これだけ国際化した時代に，日本列島周辺だけしか意識していないとは驚く。休日とはいえ，タイ駐在の大使館員と家族が犠牲になったのは象徴的すぎる。彼らが被災したタイのカオラックまでは，地震が発生してから津波の到着するまで2時間ほどの余裕があったとされる。

もちろん，わが「国民」だけを守ればいいなどというつもりはない。

じつは発生から数分後には，米国海洋大気局の太平洋津波警報センター（ハワイ）が，「震源付近で津波の可能性がある」と判断した。現にインド洋の島にある米海軍基地には即座に警報を発しているという。その約1時間後には同センターから電子メールやファクスなどで関係各国に通報したと報道されたが，真偽のほどはわからない。

このセンターは，チリ津波を教訓として環太平洋で運用しているのだが，ここでも今回の地震・津波を「太平洋の外」とし，南アジアに対して警告しようとはしなかった。津波は地震と違って遠ければ到達までに時間があり，

数分後でも1時間後でも警報が発せられていれば，被害を相当減らすことができたはずである。

もちろん，仮に今回情報を発していたとしても，それを生かしてただちに住民や観光客に警告する体制がそれぞれの国にできていなければ，結局は同じ結果だったろう。しかし，それを地元の政府のせいにするだけでいいのか。

国境を越える人災・天災

同じプレート境界が世界中にあることを知りながら，環太平洋だけで良しとしてきた米国，そして日本，気象庁の意識が問われる。気象庁の解説図を見ると，環太平洋の中には，いちおう南アジア・南アメリカを含むことも予定されているが，「構想中」というのだから情けない。

2005年1月5日現在，今回の地震の被害として死者15万人以上，負傷者約50万人，被災者約500万人といったとんでもない数字が予測されている。真夏の南アジアのこと，今後疫病などで犠牲者がどこまで膨れ上がるか脅威だ。これははっきり言って人災だ。それとも現在の地震学のレベルがこの程度だった，ということなのか。宇宙へ旅をし，宇宙から克明な写真を撮ることができるというこの時代に。

震源に近いスマトラ島北端のアチェ州の被害は最悪で，死者数は10万に届くのではと危惧されている。ところが震央から40kmとはるかに震源に近い同州のシムル島では，住民約7万人のうち死者行方不明わずか9人だったという。100年も昔の大津波の教訓を語り伝えてきたおかげで避難ができたからであった。

また甚大な被害を蒙り，大使館員が犠牲となったカオラックでは，観光用の象8頭が，津波の直前に猛然と丘をめがけてダッシュ，おかげで背中の観光客は九死に一生を得たとか。

戦争と平和に関する翻訳記事や重要な情報をできるだけ早く知らせる掲示板TUP-Bulletinは，「1日15億ドルのイラク戦費でなく，2台50万ドルの津波警戒装置ツナミーター（津波検知器。ブイのようなもの）を!!」として「ツナミーター1基当たりの費用はわずか25万ドル。ほんの50万ドル（2基あれば）で，何万という人命を救うことのできる早期警報システムが提供できたのだ」と糾弾している。

これはまさに国際政治の問題だ。国境を越える災害に対する無防備をさらけ出した。6日，ジャカルタで開催されるスマトラ西方沖地震の被災国支援会議の焦点の一つとして，ようやくこの早期警報システム計画が議題になるようだが，いくら何でもとんでもなく大きな犠牲を払ったものだ。

「原発震災」に関しても，これほど教訓になることも外にあるまい。起こってしまってからでは遅いのだ。

【5】開けられた「パンドラの箱」,長周期地震波 (2005/03/22)

取り上げられた恐怖の長周期地震動

NHKスペシャル「地震波が巨大構造物を襲う」が1年前(2004年1月18日)放映された。いわばタブーとされていた超高層ビルを襲う長周期地震動の問題を本格的に取り上げた好番組であった。

その後,9月には取材裏の逸話などを盛り込んだ本『大地震が起きたとき,あなたは大丈夫か』(NHKスペシャル地震波プロジェクト,近代映画社)が出版され,タブーに挑戦していった経緯が明らかにされた。そして,ついに内閣府は長周期地震動の研究に取り組むことを,このほど発表した。2005年4月から本格的研究に着手するとのことだ。

この番組は今年度の科学技術映像祭で内閣総理大臣賞を受賞した。なんとも皮肉というか,なかなか粋な映像祭だ。

超高層ビル群に取り囲まれた都市生活者には必読だが,原発震災とあまりにも似た状況,そして一足早く内閣を動かした,という点でも参考にしてほしい。

十勝沖地震で姿を現わした長周期地震波

長周期地震動とは,周期が数秒〜十数秒くらいのとんでもなく長いゆっくりとした揺れ。しかもなかなか消えず10分ほども続くことがあり,そうとう遠方まで減衰することなく伝わる。

2003年9月26日の十勝沖地震(マグニチュード8.0)の際に,230kmも離れた苫小牧で石油タンク火災を引き起こした。

プレート境界型の大地震には必ずともなう波らしいが,これまで直接の被害状況はわかっていなかった。被害が生じるのは,たまたまその周期が一致するような構造物だけで,地震波に共振して揺れ幅がどんどん大きくなっていくからである。

これまでそんな長い周期に共振するような長大な構造物はなかったため知られていなかっただけだ。

しかし,巨大タンク,長大橋,超高層ビルなど,長周期地震動に共振する可能性のある長大構造物を,日本はこの40年ほどの地震静穏期にあらゆる地域に建設してしまった。それらが果たして大地震に耐えられるのか,今後の大きな脅威となっている。

超高層ビルが襲われる

とりわけ不気味なのは、地上60m以上という超高層ビル群。共振現象を起こすのは、およそ10階建て（約40m）のビルと周期1秒ほどの波、20階建て（80m）と周期2秒の波……と、ほぼ10階ごとに1秒ずつ共振する周期が長くなり、50階建てならばおよそ周期5秒の波に共振するということがわかってきた。

イメージとしては、大きな船に乗って荒波にもまれているようなもの。大型船は、決して木の葉のようにもみくちゃにはもまれない。マイペースでゆっくりと、しかし上下左右前後と大きく不規則にあちこちにふらつき、乗船客をたちまち船酔いさせてしまう。

船は水面に固定されてはいないから一体になって揺れ、転覆することはあってもおいそれとは壊れない。ビルの場合はどうだろう。長時間揺れ続ければ変形が激しくなりついには下から崩壊していく……という恐怖の筋書きが想像される。

「パンドラの箱」を開ける

著書によると、超高層ビルの取材には石油タンク以上に大きな壁が立ち塞がり難航したという。関係者は「パンドラの箱」と呼び、寄らしむべからずの空気。ゼネコンは取材申し込みに対してほとんどが拒否、建築の専門家は「長周期地震動に対して基本的に大丈夫」という主張だったという。

実際、映像の中では、十勝沖地震の後、東南海・南海地震の被害想定に考慮するよう、京都大学入倉孝次郎教授らが再三、国に提言したが、取り上げられなかったという事実が描かれていた。これでは原発を事前に止めるなんてとてもとても、とそのとき思ったものだ。

「パンドラの箱」をひっくり返したらとんでもないことになる、という。このままみんな知らずに大地震が来てやられたらもっととんでもないことになるのに、責任ある立場のゼネコンや国交省（元建設省）など関係者がそんな理由でフタをし続けてきた、ということがちょっと信じられない。原発もまさにそうなのだろうけれど……。

それでもこの放映の後、土木学会や建築学会が動き出した。そしてついに、2005年度から国も研究に取り掛かるというわけだ。国が規制に乗り出すときには、いつだって解決策の見通しがついてからだが、何か見通しが立ったのだろうか。

長周期地震動の正体を捉える

以下、NHKスペシャル地震波プロジェクトがなぜ成功したか、その一端を著書から簡単に紹介しておく。

苫小牧にはタンクを所有する会社が

15社あり，そのすべてから地震時のタンクに関するデータを提供してもらって，破壊状況の分析を早稲田大学の濱田政則教授に依頼，油漏れやその他の損傷とサイズ，構造，油量，液高などの関係を分析し，原因を「浮き屋根方式」へと絞っていく。

さらに40ほどの浮き屋根式タンクのデータからスロッシング（液体の共振現象のこと）の大きさとタンク被害の相関関係をつきとめることができた。その結果，東京湾などのコンビナートでの被害予測が可能になったという。

一方，長周期地震動のほうは，火災を出した出光の設置した地震計にはっきりと捉えられていた。記録紙の長さ約15mにわたって観測された地震波を分析して，ついにその正体を捉える。兵庫県南部地震などと比べ周期5秒以上の成分が大きく，ピークは7秒にあった。

誰もシミュレーションをやりたがらない

今度は逆の操作で長周期部分を強くした地震波を人工的に作成し，それを超高層ビルに入力して揺らせる。地震波を作る学者と，それを使ってビルを揺らす設計士。両者相俟ってシミュレーションは成り立つのだが，後者のシミュレーションをやってくれる設計士がなかなか見つからなかったという。引き受けてくれるゼネコンがない。なんでも入倉氏が作成した想定南海地震の波が，超高層ビルを震え上がらせるといううわさが飛んでいたせいだそうな。

ようやく最適任の学者・北村春幸教授（東京理科大学）に出会ってこのシミュレーションは成功し，そして映像になったのだった。長年にわたり長周期地震波に疑問を抱き続けてきた研究者たちと「パンドラの箱」と知りつつあえて開けようとしたNHKスタッフの出会い，そして十分な番組制作費に保証されて実現した企画だという。なかなかドラマチックな，そして壁を乗り越えていったドキュメンタリーである。いずれこの壁が壊されることを期待したい。

原発震災の「パンドラの箱」も開けてもらえないものか。

【6】数字が示す「世界で一番危険な原発」浜岡原発 (2005/04/09)

1年前，日本中のすべての原発の重大事故発生確率が算出されていた。これまで地元には，「原発の事故による被曝の危険性などない」と電力会社や国は主張してきた。たとえ想定東海地震のような巨大な地震の襲来があって

も危険性は「ゼロ」である，というのが彼らの言い分だった。現に，2005年1月に放映された「報道ステーション」の中でも，中部電力は「100％安全」と言い切った。

理由は，「そのサイトで想定されるいかなる地震に対しても，それが大きな事故の誘因となることのないように，耐震設計を行わなければ建設は許可されない」という「建前」になっているからだ。

ところが，いつの間にか安全規制の新たな考え方として確率論的な手法が「試行的に」と言いつつ入り込んできて，「確率は小さいけれどもゼロではない」と言いはじめた。

とくに昨年は，現在稼動中の日本中のすべての原発について，考え得る重大事故の発生確率というものが実際に算出され，その数値が出揃い，公表されていた。出揃ったのはちょうど1年前。だが，おそらくこの事実はほとんど知られていないだろう。

算出されたのは，米国スリーマイル島原発事故のような「炉心損傷」という深刻な事態に至る確率，さらに環境への放射能放出を防止するために原子炉建屋内に設置されている「格納容器」という鋼鉄製の防護壁（shell）が壊れてしまうほどの事態に至る確率の2種類で，ここでは地震のような外的要因を考慮していない。

そこへ至る経緯は次のとおり。スリーマイル島原発事故後も過酷事故の発生を現実問題として捉えることのなかった国が，ついに1992年，各電力会社に対してすべてのプラントに過酷事故対策を検討，整備するよう指示した。

この方策を「アクシデントマネジメント（AM）」といい，過酷事故に至る恐れのある異常事態が生じた際にとるべき対応・設備をより効果的にするため，新たな対策をいくつか施すのであるが，それぞれの効果のほどを算定するに当たって確率論的な手法を用いることが要請されたのである。

このような手法を確率論的安全性評価（PSA）という。すでに欧米で原子力規制行政に取り入れているのは事実だが，英語ではPRA（確率論的リスク評価）というところ，和訳するとリスク（危険）が安全に化けてしまうところに，日本の規制庁の本音が透けている。

それはともかく，その後電力各社はほぼ10年がかりですべての原発についてAMを整備完了し，国はその確認のためにすべてのプラントに対して確率論的安全性評価結果を提出することを求めた。

こうして2004年3月26日，国内の全原発52基についての事故確率がすべて集まったのである。その結果は2004年10月，原子力安全・保安院の報告書にまとめられた。

我慢の限界「安全目標」

かくしてそれぞれの原発の事故確率が公表され、事故の危険性がゼロではないことをようやく日本でも公に認めるに至ったわけだが、問題はその数値である。いったい確率など持ち出して、どの程度のリスクまでを社会に容認させようというのか。

この我慢の限界を「安全目標」という。ひとつの指標として、国際的にIAEA（国際原子力機関）が推奨している値がある。そこでは一人の人間がその事故によって死に至る確率を1年につき100万分の1以下としている（これを日本における死亡率と比較すると、他殺による死亡率と同レベルで、交通事故死の50分の1程度となる）。

さらに「炉心損傷確率」の推奨値は、それが直ちに放射能放出事故になるとは限らないという理由で1桁上げて10万分の1以下に。ただしこれは新設の炉に対してであり、既設の炉についてはなぜかやはり1桁上げて1万分の1以下を推奨するとしている。

この新設と既設炉の差のつけ方は受け入れられるものではない。老朽化していくのだから既設炉のほうが事故確率は高くなるはずであるにもかかわらず、確率計算に老朽化は反映されていない（反映できない）のだから、我慢の限界はむしろ厳しくしなければならないはずだ。

表1　浜岡原発の炉心損傷確率

	対策前	対策後
浜岡1号	0.4300	0.0790
浜岡2号	0.3500	0.0570
浜岡3号	0.0810	0.0043
浜岡4号	0.0710	0.0033
★	(600.0)	(600.0)

相対的比較のために、単位を100万分の1とした。
単位はすべて$10^{-6}=0.000001$
★印は3・4号機と同タイプで地震を考慮した場合。ただし過酷事故対策後の試算か否かは不明。

いずれにしても、上述の日本の原発での試算結果は、いずれもこの新設炉に対するIAEAの推奨値「10万分の1以下」に比べて十分低い、と算出されたのだった。

浜岡原発の炉心損傷確率

具体的に浜岡原発のAM（アクシデントマネジメント）の結果を見てみよう（表1）。

数値は炉心損傷確率を示し、左側がAM実施前、右側が実施後である。3・4号機はAM実施により20分の1ほどリスクを減らしているが、1・2号機は6分の1ほどでしかなく、老朽炉には手入れをしても無駄ということを物語っている。

しかも、1号機と4号機について比較してみれば、AM実施後の今、炉心損傷の危険性はますます大きく差が開き、1号機のほうが20倍以上もリスク高となった。

それでもIAEAの推奨値に比べてま

だまだ低い，と中部電力は言うであろう。だがここまでの確率は，地震のような外的な要因がなくても，機器の故障や人為ミスといった内的事由により「炉心損傷」という大事に至る確率である。

東海地震の切迫性で1万倍も危険度上昇

では，地震の危険性を加味したらどうなるだろう。地震を考慮した確率は地震PSA（確率論的耐震安全評価）と呼ばれ，とくに日本ではここ数年研究に励んでいたようだ。その中で浜岡原発の「炉心損傷確率」が試算されていたことを2004年11月，毎日新聞が見つけ，報道した。試算したのは中部電力ではなく，独立行政法人原子力安全基盤機構（JNES）で1年半も前のことだ（本章【1】節参照）。

驚いたことにそれによれば，浜岡3・4号機（1・2号機ではない）と同タイプの炉が炉心損傷事故を起こす確率は0.06％であったから，およそ1600分の1，AM実施前と比べても4ケタも高く出ていたのだ（表1の最下段）。

地震を考慮した場合，東海大地震の迫る浜岡地点では，少なくみても一挙に1万倍もリスクを高めることがわかってしまった。仮に浜岡原発とまったく同じシステムが，地震のまったくない欧州にある場合と比較すれば，浜岡に建っているというだけで重大事故の起こる確率が1万倍以上高くなるという意味だ。

地震がなければ浜岡原発を受け入れられる，と考える人であっても，この数値を知らされてなおかつ受け入れると言うだろうか。その確率はもはや先の国際基準を満たしていない。すなわちIAEAは運転を容認できないはずだ。

現在のところ，JNESの試算ではAMを考慮してあるのか否か定かでないが，AM実施後の炉に対して試算したものだとすれば，リスクはさらにその20倍高いとみなければならず，浜岡原発における地震による炉心損傷事故確率は，内的原因だけのリスクを一挙に20万倍も上げてしまうという恐るべき結果を示していることになる。

しかも浜岡には5機も設置されている。少なくともどれか1機が重大事故を起こす確率はさらに上がるのだ。どう考えても「世界で最もキケンな原発」であることは間違いない。

「どんなシステムも非常に強力な地震にはひとたまりもない」と，原子力委員長近藤駿介の訳による『私はなぜ原子力を選択するか』（ERC出版）の中で，著者である米国の原子力技術者バーナード・L・コーエンが告白しているが，それを数字に表わしたものがまさに上記の確率といえよう。

そもそも定量的な数値として表わすこと，確率で評価すること自体にいろいろ疑問がある。ここに試算された数値にしてもどこまで信頼できる数値なのか。そうした問いに対して筆者は次

のように答える。

　どこまで確率が小さければ受け入れるとするか，については安易には決め兼ねる。しかし，これだけ大きければ受け入れられない，というその感覚は人としてそう違わないはずだと（あわせて【12】の「残余のリスク」参照）。

【7】浜岡2号機内部告発 (2005/05/06)

　インターネット新聞『JanJan』で大きな反響を呼んでいる林信夫さんの勇気ある告発「設計者からの諫言『浜岡原発は制御不能になる』」（2005/04/15）は，まさに原発震災が危惧されている中部電力浜岡原発の，ずばり耐震設計に関するものだ。この貴重な情報の提供は，原発震災を危惧する人々にとって思わぬ展開をもたらした。

これまでの経緯

　そもそもの発端は2005年1月の「原発震災を防ぐ全国署名」に関する朝日新聞記事。さらに同月末の，中部電力が耐震補強工事計画を発表したという記事。これらを新聞で見て，林氏は長年気になっていたことを訴える書簡を同署名連絡会村田光平顧問宛に書いた。署名への協力も申し出た。2月12日のことである。

　4月12日，署名簿に紛れていた封書がようやく署名連絡会（筆者はその役員）の目に止まり，その夜，村田顧問が電話で本人と連絡をとって状況を確認。15日，保安院へ申告制度に基づく正式の申告を済ませ，静岡県庁で本人記者会見を行った。非常に記者の関心は高く，記者会見は2時間を超えた。

　一方，村田顧問は13日から14日にかけて，林氏の書簡を保安院はじめ関係省庁，静岡県，中部電力など各方面にファックス送信した。『JanJan』にも連絡した結果，14日には『JanJan』が本人に書簡の内容を確認して，15日の記事掲載となった。

　中部電力も村田氏からのファックスに対応して即4月15日，「『浜岡2号炉の耐震計算』等に関する外部からのご指摘事項について」という見解をホームページほかに発表したのである。

プロフィール

　告発者は物静かな，普通の市民である。現在は63歳の年金生活者。記者会見での話はていねいで，記者との質疑は誠実に真摯に応じ，気負ったところもなく，しかし芯の強そうな，いかにもエンジニアといった人物である。

1969年，機械工学（材料力学，応用力学）の大学院を卒業後，東芝の子会社である日本原子力事業（株）に入社，東芝鶴見工場炉心構造物設計課で，原子炉の炉内構造物炉心部門の設計に従事。炉心部門には6，7人いた。最初は東京電力福島第一原発2号機，次に中部電力浜岡2号機の設計を担当。上部・下部シュラウド（炉心隔壁），上部・下部格子板，緊急冷却装置（スプレイ）など炉内の核燃料を支える部分の設計をしていた。

具体的な指摘

1972年5，6月頃のある日，東芝鶴見工場での会議。炉内構造物関係3部門（炉心構造物部門，汽水分離器部門，制御棒駆動機構等部門）の設計担当代表各1名と原子力部門のトップ，耐震設計者の計5名が参加。若きエンジニア林信夫氏は炉心部の設計担当を代表して出席していた。林氏以外はすべて東芝社員だった。

そこで耐震設計計算担当者から振動解析（動的解析）の結果を聞かされた。「浜岡2号機の耐震計算結果は地震に耐えられなかった」「建屋と圧力容器について，いろいろ耐震補強の工夫をしてみたが，空間が狭すぎてうまくいかないので諦めた」

その説明によると，浜岡2号機が地震に耐えられない原因は次の2つ。
(1) 岩盤の強度が弱いこと（福島は強かった）
(2) 核燃料集合体の固有振動数が想定地震の周波数に近く共振しやすいこと

ごまかしの再計算

その上で計算担当者は，「対策」として，次の3つの方法で「再計算」する旨伝えた。
(1) 岩盤の強度を測定し直したら強かったことにする（福島並みに）
(2) 核燃料の固有振動数を実験値でなく米GE（ゼネラル・エレクトリック）社の推奨値を使用する
(3) 建屋の建築材料の粘性を大きくとる（振動が減衰しやすくなる）

つまり，ごまかしの計算をし直して，設計変更も耐震補強もせずに当初計画のまま押し通してしまうということだった。

会議はとくに発言もなく20分もかからずに終わった。かん口令をしかれたわけでもなく，意見を求められたわけでもない。なぜ開かれたのか，その意図がわからなかった。ごく当たり前のことをしているという感覚だったのだろうか，悪いことと自覚している風にも見えなかった。

退社（1972年7月）

そんなことがあって，これでは責任をもって仕事ができないと悩み，また

原子力は廃棄物の問題も解決できていないことから退社した。上司に伝えたとき、いろいろ慰留され、他の職場を紹介もされたが断り、機械から完全に足を洗い、以後コンピュータ関係の仕事をしてきた。

上司に辞職を伝えて自分の席に戻ったときには、計算結果を記した3冊のファイルの中身はすべて抜き取られてしまっていた。

すべては東芝（炉内構造物），石川島播磨重工業（圧力容器），竹中工務店（建屋設計者）の三者で相談しながらやっていたので、この対策についても三者で検討したものと思う。「建屋と圧力容器でいろいろ耐震補強の工夫をしてみたが……」という発言からしても。

中部電力もこれらのことについて知っていると思う。中部電力に内緒で、とは考えにくい。

申請・許可

浜岡2号機の設置許可申請は1972年9月，許可は明けて73年6月9日，着工74年3月。72年5, 6月という林氏の記憶にある期日はまだ申請前であり，9月の申請書には再計算結果が反映できたはずだ。

福島の地盤は浜岡より悪い？

なお浜岡2号機の前に，この工場では福島第一原発2号機の設計をやっており，林氏も担当していたが，福島ではとくに問題はなかったという。それで「福島は強い」といった表現になったものと思われる。

しかし、福島原発の地盤は弱いので有名である。しかもそれを指摘する際に、よく浜岡原発3号機や2号機の地盤データが引き合いに出され、「浜岡より悪い」ということになっていた。いずれも設置許可申請書に記載された値を基に語られてきたことだ。それほど浜岡の地盤データは底上げされていたのだろうか？

中部電力，原子力安全・保安院の対応

前述したように中部電力は直ちに見解を出したが、調査するとも言わずに直ちに情報を否定した。このような姿勢には驚きを禁じえない。しかもその内容たるや、ひどくピントはずれなもの。動揺がにじみ出たのであろうか。ずばり耐震性の問題だけに、このような対応は許されない。

林氏は、第三者による地盤調査をやってもらいたい、と主張している。

では、申告を受けた保安院の対応はどうか。4月26日，国会での質問（参議院，近藤正道議員）に「この方の主張というものは、ある程度すでに明らかになっているもの、という風にわれわれ理解しております」と答えている。すでに知っていた、というのだ。それ

にしては「2号機は現在炉心シュラウド取り替え工事などのため平成20年3月まで停止中であり，直ちに安全性の問題があるとは考えていない」と涼しい顔。2号機だけの問題ではないということがまるでわかっていない。「必要に応じてこの方から追加的な情報を得るなどにより事実関係を確認していきたい」と答弁していたが，4月27日ようやく月1回の申告委員会が開催されて，林氏の申告はやっと正式に受理されたという段階だ。

悠長にやっている場合ではないだろう。まずは記録を調査するだけでもある程度問題点を突きとめることができるはずだ。

告発後の心境

林氏は今，次のように語る。

「30年間子どもを育てている間は余裕がなかった。なぜこの会議がもたれたのか，解せない。悪いことという意識もなく改ざんが常態化していたのかもしれない。

今年に入って，東海地震が直下で起こると知ってから，とても心配になってきた。上下動について計算チェックすらしていないと聞いてびっくりしている。圧力容器が坐屈でもしたら……。まず計算してみるべきではないか。浜岡原発は止めるべきだ」

【8】内部告発をきっかけに浜岡の地盤はえぐれるか?! (2005/05/09)

林信夫氏の告発記事「設計者からの諫言『浜岡原発は制御不能になる』」は，まさに原発震災が危惧されている浜岡原発の耐震設計に関するもの。従来から浜岡の地盤データには数々の疑惑が指摘されていた。これにいきなり息を吹き込むような強烈な証言だ。

すなわち，2号機の炉心部の設計の際に，
・地震にもたないという事実が耐震計算により判明した
・それに対し，実測データ改ざんといった不正方法で再計算しようという報告がなされた
という，二重にショッキングなビッグ情報である。

この告発（告白）は，「改ざんをするしかない」として具体的な改ざん策の提案があった，という証言だ。犯罪で言えば謀議の事実ということであろう。33年も前のこと。そしてファイルはすべて抜き取られて物証はない。提案を実行に移したか否かは不明である。

だが，しばしば原子力で露見する改ざんや疑惑に満ちた資料が生まれてく

るプロセス——どのようにして改ざんに至るか、その動機・経緯を明らかにしてくれる内部からの貴重な証言である。

33年前のある日の、たった20分足らずの会議に関する証言、それが東海地震を間近に控えた浜岡原発の耐震信頼性を文字どおり根底からひっくり返すような意味をもつことになる。

それを可能にするのは、もう一面からの証言の存在だ。その証言とは——。

もう一つの証言

じつは、すでに浜岡原発について、過去に地盤データの操作の疑いが大きく指摘されていたのだ。林氏の出た会議から8年が経過した1980年秋以降、いくつかの紙誌に登場した(『科学』1981年7月号「東海地震と浜岡原発」小村浩夫、『原子力工業』1982年1月号「浜岡原子力発電所周辺の地質及び岩盤の形状」伊藤通玄ほか)。

手元にある、または今回改めて入手したそれらの資料の物語る事実が、林氏の証言によりたちまち息を吹き返した、との感を禁じえない。当時の状況を簡単に紹介しよう。

1978年12月1日、浜岡原発3号機増設のため、中部電力は設置許可申請書を国へ提出した。ちょうどその頃、反骨の地質学者生越忠氏(和光大学教授)は、原発建設ラッシュの中で繰り返される地盤データ操作の手口を次々とあばいた(『和光大学人文学部紀要』1980年3月10日ほか)。

その目はたちまち浜岡の地盤データにも数々の疑惑を見出し、1980年秋には公表し、報道もされた。設置許可申請書の中には建設サイトの地盤調査結果が記されている。その中の3号機および2号機の地盤調査報告を分析した結果であった。

1980年11月10日には「浜岡原発に反対する住民の会」(代表・小村浩夫氏＝静岡大学助教授)がこれらの疑惑を中部電力への公開質問状として発した。中部電力はこれに対して回答を拒否し、代わりに3号機申請書の「一部補正」というものを3週間後の12月1日に国に提出した。これはなんと1000ページもあり、とくに地盤・地震の部分は全面的に書き換えられ、数値は大幅に変わっていたのだ。なかにはボーリングデータでより深くまで掘削し直したものなどもあった。

だが、さらに不可解なのは、同月12日には、通産省の審査を通過してしまったことだ。1000ページもの補正部分は、たった2週間足らずで審査されたのだ。

この点は、とりわけ重要だ。当時、中部電力が大幅な修正を行わねばならない大きな背景があった。

3号機の申請直前に耐震設計審査指針の策定(1978年9月)があり、申請中にはその一部改訂(1981年)があった。駿河湾地震説(想定東海地震)

は申請前の1976年にすでに提起されており，この地震に対する3号機の耐震設計はより厳しくなった新指針を満足するものでなければならなかったのだ。

2号機の設計時点で改ざんせずには耐震性を満足できなかったということが事実であるとすれば，3号機についてはさらに大幅な改ざんなしには安全審査を通過できなかったのではないか，という疑惑が生じる。

このことは，2号機および3号機の申請書と3号機の一部補正とを比較することによって誰でも検証できる。あるときは大胆な，またあるときは複雑な手を使ってそれらの数値は捻出されている。どれが真の値なのか容易には判断しかねるほどだ。

ところが2次審査の安全委員会も翌1981年10月29日には通過してしまう。11月16日には通産大臣の設置許可を得て，結局3号機は建設・稼働され今日に至っている。

そればかりではない。今度は認可・規制する側の国が自ら既設炉の耐震性を保証したのである。すなわち1980年12月12日，通産省は3号機の審査結果と共に，2号機についての耐震確認結果なるものを発表した。同じ敷地内で耐震性が異なってはまずいと考えてのことであろう。資源エネルギー庁安全審査課が，3号機の設計用地震動を1・2号機に入力して振動解析を実施した結果，ともに許容値を十分下回っていることを確認した，と文書で発表したのである。

この解析内容は公表されていない。林氏が耐震計算にかかわった2号機の炉内構造物についても，計算で確認した検討対象物の中に挙げられている。何らかの操作なしにはクリアできなかった2号機の振動解析が，さらなるごまかしなしに，より厳しくなった耐震基準を満たすことが本当にできたのだろうか。

2号機を支える地盤の強度は，法令を満たしていない恐れすらある，と生越氏は警告していた。その同じ地盤の上に，その後3号機，4号機，5号機と次々に増設が許可され，浜岡原発は今や国内第2の規模にのし上がっているのである。

一体，どのような「からくり」でここまで到達してしまったのか。30年以上前の林氏の証言からうかがえるのは，地震に対して恐ろしく楽観的な認識の甘さだろう。それと共に，不正・改ざんの常態化，不正という意識の欠如である。「これでは責任をもって仕事ができない」と悩み，また「原子力は廃棄物の問題も解決できていないから」といって退社してしまった林氏のような人物は稀有だったのであろう。

浜岡問題を全国に明らかにしよう

今，時代は変わった。地震の予測は当時の人々が考えていたよりずっとず

っと厳しくなり，原子力に対する社会の目も厳しくなった。林氏や生越氏のような良心によってかろうじて保存されてきた真実を，具体的な危機に直面している今の社会がしっかりと受け止めなければ，と思う。

「今，必要なことは，浜岡原発をめぐる現実を，新聞やテレビがきちんと報道し，日本のすべての人がそれを知る機会を与えられることだ」という武田信弘記者の言葉（「浜岡原発問題　真摯な報道が必要」『JANJAN』2005年4月22日）に賛同する。

【9】文科省も想定外の揺れを予測 (2005/08/09)

浜岡がダントツ

文部科学省が，全国の原発の中で浜岡原発が最も危険であることを，一目瞭然にしてくれた。

図2をご覧いただきたい。全国の原発サイトに想定される揺れの大きさと，設計で想定されている揺れの大きさを，揺れの最大速度で並べてみた。前者を棒グラフ，後者を折れ線グラフで示す。

前者は文科省地震調査研究推進本部が2005年3月に公表した「全国を概観した地震動予測地図」（J-SHIS）から読み取ったもの。5月から防災科学技術研究所のホームページに公開されている。

この予測地図は，日本列島のすべての地点について，地震が起こった場合に想定される揺れ（地震動）を割り出したもので，壮大なプロジェクトの集大成である。すでにわかっている98の活断層と繰り返し発生する海溝型地震について，それぞれ規模と揺れを想定し，さらにそれらすべての地震を考慮に入れたときにそれぞれの地点で予測される最も大きな揺れを，確率的な表記で示している。

この図の中で浜岡原発は，確率的に「向こう30年間に3％の可能性」とはじき出された最大速度が91.4カイン（カインは速度の単位。1カインは1cm/秒）で群を抜いている。女川，伊方両原発を除けば，他の原発のおよそ3〜10倍ほども大きな揺れに襲われると予測された。

次に設計値もなるほど浜岡原発は全国一，どこよりも強く想定されている（53.9カイン）。しかし，それは想定される揺れに対してはるかに及ばない。すなわち「想定東海地震の震源域の真っ直中に位置する中部電力浜岡原発では，耐震設計を大幅に超える強大な地震動の発生が予測されている」という

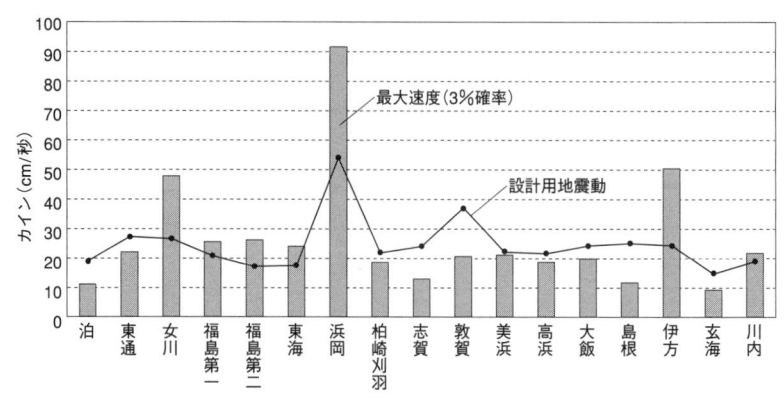

図2　原発サイトに想定される地震の揺れ（最大速度）と設計値比較
　　　――今後30年間に3％の確率で想定される最大の揺れ

ことだ。それでも浜岡原発は大丈夫，運転継続するというのが中部電力の意思だ。

中部電力の言い分

　じつは，文科省の公表した予測マップは，地表および地下岩盤での2種類の予測値を示している。この地下岩盤が，原発の設計上想定する位置とは深さがいささか異なるため，はじめのうちマップの値をそのまま比較することができなかった。この点について，2004年6月28日開催の株主総会で中部電力は「『確率論的予測地図』は，単純なモデルにもとづく簡便な手法を用いたものであり，中央防災会議の手法を用いた当社の詳細な評価とは異なり，想定した『工学的基盤』も異なることから，直接比較することはできません」と回答し，数値については，速度はほとんど引用せずもっぱら加速度で説明し続けた。

　由々しき結果が出たのだから「直接比較することはできない」とすましている場合ではないだろう。まず条件をそろえて比較してみようと思うのが普通ではないか。速度と加速度についてもどちらも求めて公表すべきだ。

　結局，筆者らは文科省の計算法から換算方法を見つけ出した。図2は予測値を原発の設計用基盤面に修正した上で作成したものである。

　中部電力は「比較できない」と涼しい顔をしているが，裏ではこっそり換算していると思われる。ほんとうに安心できる結果が得られたのであれば，堂々と公表できるはずだ。2005年1月末になって急に耐震補強工事を行うと発表した裏には，こうした新事実がいくつか重ねられているに違いないと疑う。

加速度,速度どちらが適切か

　文科省の予測地図は,揺れの大きさをよく見慣れた加速度ではなく速度で表わしている。カインという単位は,秒速をセンチで表わしたもの(cm/秒)だ。地震の振動を示す速度は,加速度に比べて桁違いに数値は小さく出る。図2に見るように地下の揺れで20〜30カイン。最大でも10カイン程度とされたサイトもあるが,それでもそのサイトでの地表震度は5弱だ。岩盤で91.4カインとは,したがってとてつもなく大きい。

　では,加速度,速度どちらで表わすのが適切なのだろうか。まとめてみると,

・最近の地震計は加速度をデジタルで捉えるものが主流で,これを全国から一カ所に集めている。
・速度は加速度のデータから積分により得られる。加速度と速度は比例関係にはなく,相関が成り立つわけでもない。
・加速度は観測機器の進歩や設置箇所の増加などにより,震源近くの大きな数値が測定されるようになって,どんどん記録更新している。今後もまだ更新の可能性がある。
・しかし,必ずしも加速度の大きさと破壊状況とは一致しないこともわかってきた。とくに細かい揺れでは加速度は大きくなりがちだ。
・最近は速度のほうが適切とされる。破壊のエネルギーは速度の自乗に比例するためだ。

　結局,どちらか一方では十分とはいえない。原発では,もっぱら加速度が用いられ,速度表記は消えつつある。

　このマップではなぜ速度にしたのか不明だが,いずれにせよ一般に速度表示のほうが増えていくと思われる。当面は観測値も両方併記してもらいたい。

上下動の速度が大きければ重大事態に,核暴走事故も!?

　米国生まれの原発は,基本的に耐震設計に弱点がある。おまけに日本では上下動について,水平動の半分でよいとしてきた。幸い大地震に遭遇することがなかったからいいようなものの,これからはそうはいかない。まして浜岡原発は直下から想定東海地震に襲われようとしているのだ。直下15kmあまりの至近からいきなり大きな上下動を食らうことになる。

　とくに心配なのが,制御棒の挿入失敗である。表2は,炉内に林立する燃料集合体が真下から突き上げられたときに,どの高さまで跳び上がるかを知るために筆者が計算したもの。簡単な力学計算による。実際は摩擦があるのでそんなに高くはならないが,この表は摩擦のない台の上に(固定されずに)ただ置かれている物体の最高跳び上がり高さを示す。10カインでは1mmも跳ばないが,100カインになるとそ

表2　地震時の燃料集合体の跳び上がりの高さ

最大速度 （カイン）	跳び上がり 高さ（cm）	到達時間 （秒）
10	0.05	0.01
100	5	0.1
200	20	0.2
300	45	0.3
500	125	0.5

の100倍となり，200カインでは20cmだ。原子炉はかなり高い位置にあり，その高さでは基盤における91.4カインより増幅して大きくなる。200カインはありえない数値ではない。もちろん文科省の予測マップは水平方向速度の予測であるが，この場合直下地震なので，上下方向もかなり大きいと見てい

い。

　燃料集合体は上から出し入れするため，受け皿に立てただけの状態でなんら固定していない。制御棒は17cmほど燃料集合体の間に差し込まれていると中部電力は言うが，最悪その程度の高さは跳び越えてしまう。跳び上がり傾いて揺れる燃料集合体に阻まれて，何本もの制御棒が挿入不可となる。直下型地震ではこれが最初の一撃で起こる危険性が高いのだ。そうなればチェルノブイリ型の核暴走事故すら招きかねない。

　このような考察のためのヒントが得られた点でも，今回の予測マップの意義は大きい。

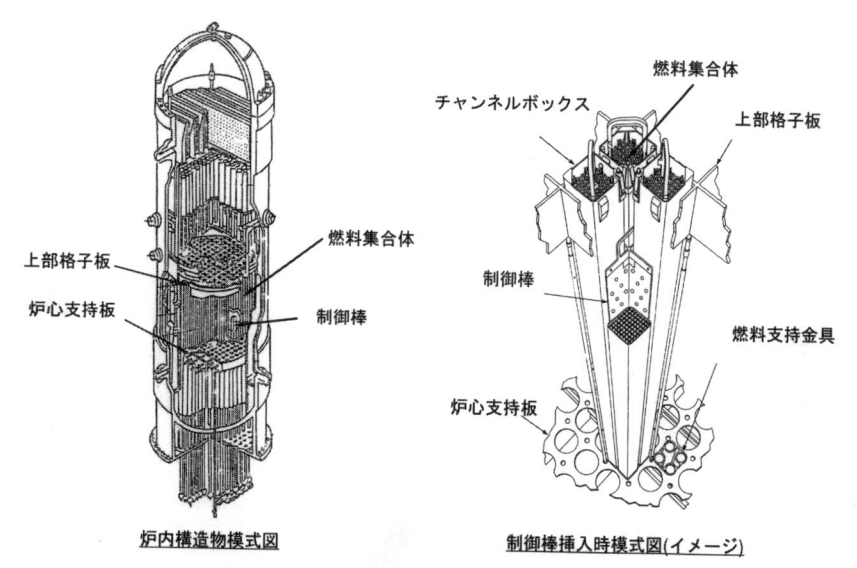

図3　炉心，核燃料，制御棒
核燃料は4本を1単位として田の字に配置し，十字型の制御棒（板）で遮られる（右図）。炉心はこのセット100組～200組程度（出力による）で構成される（左図）。

第2章
原発用耐震指針の改訂

阪神・淡路大震災以後，原発に対する耐震不安は高まった。市民らによる数々の指摘に対し，原子力安全委員会がようやく重い腰を上げて2001年6月指針改訂を指示，7月より「耐震指針検討分科会」において検討が重ねられてきた。その検討は5年を超え，2006年9月19日新指針が誕生する。その最終段階，指針案がまとめられた5月以降のドラマをお伝えする。

【10】宮城沖地震により女川原発全機が自動停止
明白となった原子力発電所設計用地震動予測の甘さ (2005/08/21)

2005年8月16日に発生した宮城沖地震（マグニチュード7.2）により，発電中の東北電力女川原発1～3号全機がすべて緊急停止，設計を超える揺れを観測した。

東北電力によれば，最大加速度設計値250ガルに対し観測値251.2ガルと，数値だけ見れば設計値とほぼ同レベルである。一見予測の正しさを示したものと見えるだろう。だがそうではない。以下に見るように，予測は大幅にはずれたのだ。

現行の耐震設計用想定地震

女川原発で予測が大幅にはずれる恐れはすでに想定されていた。前掲図2をご覧いただきたい。ダントツの浜岡原発に次いで伊方原発と女川原発が抜きん出ている。しかもいずれも設計用地震動の2倍近い揺れに襲われる可能性が指摘されていた（ただし，向こう30年間に3％の確率）。

ここに掲げた設計用地震動とは，原子力発電所を建設する際に耐震設計用に作成された2種類の地震のうちの強いほうで，実際には起こるとは考えられないとして「設計用限界地震」と呼ばれている地震による揺れである。女川の場合，速度で26.6カイン，加速度で表わすと375ガルである。

もう一つが「設計用最強地震」で，現実に起こると考えられる最大最強の地震だ。速度では20.1カイン，加速度で250ガルである。

それが，冒頭に述べたように，今回の地震であっさり最大最強レベルに到達してしまった。

この2種類の設計用地震の違いは心得ておきたい。最強地震に対しては機器・容器等の金属材料が弾性限界（変形しても元へ戻る）の範囲内にあることを要求する。一方，限界地震に対しては，塑性変形（変形した後元へ戻らない）を許すが機能は維持することを要求する。

3分の1の過小評価

女川原発の耐震設計においては，最も敷地に大きな影響を及ぼす地震として，ほぼ30～40年おきに繰り返し発生するマグニチュード7.5の宮城県沖地震を設計上想定している。この地震は，想定東海地震と同様，プレート境界で発生する。

今回の宮城沖地震の規模はマグニチュード7.2とされたから，エネルギーにしておよそ「想定地震」の3分の1の強さしかない地震なのだ。その地震でほぼ設計用最強地震と同レベルの地震動が観測されてしまったのだから，

単純に言えば揺れの想定が実際の3分の1ほどの過小評価だったということになる。

したがって耐震設計はたいへんな過小評価で、現実の3分の1の耐震性しかなかったことを意味する。阪神・淡路大震災以来、危惧されてきたことがまたも実証されてしまったわけだ。

十分な「耐震裕度」を有していると電力会社や政府が豪語してきた原子力発電所の耐震性が、今度こそ厳しく問われなければならない。

原発の耐震設計の不備とは

現行の耐震設計審査指針では、まず原発サイトに影響を与えると思われる大きな地震を抽出する（複数個）。次にそれらの地震の規模、震源の位置を仮定し、それらの地震が起きたとき、当該の原発サイトに伝わる地震動を想定する。そのいずれの地震動にも耐えられるように設計しなければならない（ここで言う「耐えられる」の意味は、上に述べた2種類の地震によって異なる）。

耐震設計の不備を指摘する人々は、
①想定された地震の規模が小さすぎる
②震源の位置が遠すぎる
③サイトへ伝わる地震動の想定が小さすぎる（地震動が伝播する際の減衰計算の不備）

ことなどを挙げるのだが、今回、女川で明らかになったことは、このうちの③である。

このことは女川原発に限らない。現行の原発における耐震設計の不備を突くものと受け止めるべきであろう。少なくとも宮城県沖地震と同タイプのプレート境界型地震（太平洋沿岸）について、地震動の過小評価が明白となった。

現行耐震設計審査指針により建設が許可されてきた既設の原発、とりわけ太平洋沿岸の原発について、早急に見直しが必要だ。このことは、先の文部科学省地震調査研究推進本部による地震動予測と原発の耐震設計比較結果を示す図2にも現われていた。

想定宮城県沖地震ではなかった

今回の地震が「想定宮城県沖地震」ではないという見解を18日、文科省地震調査研究推進本部が正式に発表した。だとすれば3分の2のエネルギーはまだ解放されずに残っていて、一気に爆発のときを狙っていると警戒する必要がある。いわば今回の地震は「想定宮城県沖地震」の引き金になるかもしれない。

第1章【9】で指摘したように、女川・伊方両原発は、浜岡原発に次いで最も危険な原発と言える。これら3原発のうち女川原発は、地震の規模はそう大きくはないが繰り返し期間がきわめて短いこと、したがって切迫している点に特徴がある。

一方，浜岡原発は，その切迫性と共に地震の規模（マグニチュード8.0〜8.5）および震源の近さにおいて他に例を見ない。震源直上に位置し，その距離わずか10〜15kmほどといわれる。

　今回の地震はマグニチュード7.2，震源深さ約42km，震央距離は一番近くても陸地から100km以上も離れていた。そんな地震により，マグニチュード7.5を想定した設計用最強地震と同等の揺れが原子炉建屋基礎版（原子炉を入れる建物の基礎のこと）に到達してしまったのだ。

　それが今回の女川原発自動停止によって与えられた自然からの警告である。この警告を，東北電力，そしてすべての電力会社は真摯に受け止めよ。

　〈注〉より正確にいえば，設計用最強地震として定義される揺れは，建屋に到達する揺れとは異なってくるが，女川原発では直接岩盤に設置しているため，ほぼ同等と考えられる。詳細は第4章【34】参照。

【11】もうひとつの耐震強度不備事件
女川原発2号機，危険な運転再開へまっしぐら？ (2005/12/25)

　女川原発の耐震設計不備問題は，たった3回の原子力安全・保安院での検討の結果，運転再開へとスタートを切ってしまった。今後は地元の了解へと焦点が移る見込みだが，宮城県としては国以上の判断力をもたないため，今回解析された2号機については，早期の運転再開が危惧される。

　筆者は，保安院の耐震・構造設計小委員会の全3回を傍聴し，また，終了後，女川原発地元住民の申し入れに同行して，今，非常な危機感を覚えている。これは，言うまでもなく，女川原発のみの問題ではなく，全国の原発の耐震性に関わる大問題であり，広範囲にこの国の安全（リスク）に関わる甚大な問題のはずだが，当日の報道もきわめて簡単であった。

東北電力が実施し，保安院小委が確認したこと

　8月16日，女川原発1〜3号全機が地震により緊急停止した。

　9月1日，東北電力は観測結果の一部を報告。設計用基準地震動を一部超えていたことが判明する。

　11月25日，東北電力が女川2号機についての解析結果報告書を提出。

　報告書を保安院の耐震・構造設計小委員会において，11月29日，12月14日，12月22日と計3回の審議をし，1カ月もかけずに完了。22日の第3回でまとめ案も了解された。観測データなどの情報を東北電力はなかなか出さな

かったが，それでいて報告書が提出されてから保安院の評価までは，アッという間の出来事であった。

設計で想定した地震動を超える揺れが観測されたことを受けて，①その要因分析，さらに②そのような地震動を受けたプラントの健全性評価，および③今後さらなる地震動を受けた際のプラントの安全性，この3点が検討課題とされ，まずは3機あるうちの2号機についての解析・評価を完了した。1・3号機については，もはや委員会開催予定もない。

審査は新品に対するもの，運転再開は無謀な飛躍

まず②，③で確認したのは，あくまでも「設計時」のプラントが連動型大地震についても耐えられる，ということだけ。すなわち，運転歴10年を経過した，今ある2号機が耐えられるかの検証にはなっていない。老朽化し，もしくは施工上の不備があるかもしれないプラントへの保証は何らない。別途現場での確認作業があるが，それは今回の揺れの後でも健全であった，くらいのもので，将来見舞われる揺れについては未知である。

これだけの検証で運転再開などされてはかなわない。

耐震設計手法の検証は棚上げ

次に，奇妙なことに，①の要因分析では，過去に市民から指摘されていた耐震設計における手法や計算式の間違いについて，何ら検証を加えていない。検証したが問題はなかった，ということではなく，まるで無視しているのである。

委員会終了後，申し入れの際に対応した保安院安全審査課審査官は，「間違っていたことは認める」。ところが「今わかったことで，当時の審査が違法とはいえない」と，伊方原発（行政訴訟）の判例を示唆。違法性をまず心配する保安院と，現実の安全性を危惧する市民との大きなギャップに愕然とした。

今後の安全確認手法が見えた

東北電力は膨大な解析をやった。おそらく最新の知見を総動員して。それは現在進行形の耐震指針見直し作業とオーバー・ラップして，あたかも今後策定される新指針を先取りしているように見えた。それは同時に浜岡原発のような既設の原発に対する「安全確認」の方法をも予見させてくれる。

すなわち，設計時の想定を大幅に超えるような地震であろうと，想定が甘かったことなどいっさい不問にして原発を襲う地震動想定をやり直し，それによって発生する機器・配管や構造物にかかる力を計算して，設計で考慮した許容範囲内に納まる（つまり変形は残っても機能は維持される）ことを示

すというものである。

今回の解析は第三者機関（独立行政法人原子力安全基盤機構）で一部チェックされた。その一部始終は公開され広く専門家の検証を得なければならない。新指針が策定される前にそうした作業が進められなければ，と気は焦る。

【12】原発震災＝住民被曝の"リスク"ついに「国」が認める！
(2006/07/13)

原発の耐震設計審査指針が，25年ぶりに改訂されようとしている。2006年5月22日の原子力安全委員会の指針検討分科会で改訂「案」が決まり，パブリックコメント（一般市民の意見募集）に付された。パブリックコメントは6月22日までの30日間，行われた。現在，これをどう反映するかが問われている。

残余のリスクあり!?

今回の改訂で最大のポイントは，「残余のリスク」という概念を取り入れたことだ。

現行指針は，「想定されるいかなる地震力に対しても，大きな事故の誘因とならないよう設計すること」というものであった。

しかし，どんなに大きな地震を想定して，その揺れ（地震動）に耐えるように設計しても，なおそれを超えるような地震・地震動が起こり得る，というのが地震学の最新の知見である。そこで，設計を超える揺れに襲われる危険性は否定できないこと，そのために原発が重大な事故を起こし，環境に放射能を放出して人々を被曝させるリスクが存在することを「国」が認め，これを「残余のリスク」と命名して新指針案解説に明記したのである。

これは，じつに私たちが主張してきた「原発震災」の恐れ（可能性）を認めるものだ。これまで国・電力会社は，日本の原発では地震がもとで住民が被曝するようなことは絶対にない（ゼロリスク）と言い張ってきた。理由は，その地で起こる最大の地震を想定して，それに十分耐えられるよう余裕をもって設計しているから，ということであった。

その「国」が，180度の大転換で，大地震の際にはリスク・ゼロとは言えないことを今後認めようというわけだ。

国が認めても，住民同意は別

誤りに気がついた以上是正するのは当然であるから，その点は評価してもいい。ところが，問題はその先である。

第2章　原発用耐震指針の改訂

ゼロではないリスクに対してどう対応するのか。指針「案」は「合理的に実行可能なかぎり小さくするための努力が払われるべきである」としてしまったのである。「合理的に」実行可能なとは、「経済的に」実現可能な、という意味である。しかも、その線をどのあたりに引くのか、指針案ではどこにも定めていない。当面は申請者、すなわち原発を建設しようとする電力会社が自ら決めることになる。そして、いずれ確率論を導入して、一定のレベルに線を引こうとしているのである。

一方、地元の住民からすれば、これまで「絶対に被曝するような事故は起こさない」と保証されて原発を受け入れてきたのに、いくら事実だからといって、「残余のリスクあり」と言われて今さら被曝のリスクを受け入れられるだろうか。国が認めたからといって、自動的に住民が認めたということにはならない。

たとえ形式的にせよ、少なくとも地元自治体の同意のもとに原発は建設されてきたのだから、改めて地元同意を求める必要がある。「残余のリスク」を認めるか否か、住民が決める作業が不可欠ではないか。

その意味で私たちは、意見募集期間中に地元のみなさんにこの「残余のリスク」をめぐる国の方針転換を知らせ、意見募集のシステム、パブリックコメントについても伝えてきた。そして、この点に関してパブリックコメントでどんな反響が出るのか、注目してきた。

680件のパブリックコメント

安全委の事務局によれば、合計680件の意見が指針案に対して寄せられたとのことである。全文が7月4日開催の安全委における指針検討分科会当日、資料として配布された。安全委のホームページで全文アクセスすることができる（安全委の指針検討分科会の会議資料は「過去の会議資料」から）。みなさん良く勉強し、いずれも的を射たレベルの高い意見であることがわかる。

その680件のうち4割程度が、「残余のリスク」に絡んだ意見であった。そこには、確率評価を持ち込むことそのものへの反対、「残余のリスク」を認めない、ゼロにできないなら運転停止をというものから、「残余のリスク」を認めたことは評価する、しかし国会で審議を、国民の同意を、既存の原発について試算し公表せよ等々幅広い意見が集まり、大きな反響を呼んだことがわかる。

現行も「残余のリスク」は認めていた、とする事務局

ここで奇妙なのは、安全委事務局の見解なるものだ。現行指針では明示されていなかっただけで、「残余のリスク」が存在することについては現行指針でも同様だ、としているのである。このことは分科会資料の中にある

「『発電用原子炉施設に関する耐震設計審査指針（案）』に対する意見募集にご応募いただいたご意見に対する対応方針について（事務局整理案）」（震分第44-5号）に書かれている。

明示していなかっただけ，というのが本当なら，事実を隠してきた，騙してきたということになってしまう。現行指針が目指す「想定されるいかなる地震力に対しても耐えられる」とは，想定外はあり得ない，という立場から発したものである。じつは地震を甘く見ていたということにほかならない。さもなければ，対応できないような巨大地震は「想定しない」ということか，いずれかだ。

今回，分科会に参集した専門家の委員は，謙虚にその点を認めた結果「残余のリスク」の存在を認知したもの，と筆者は長期間にわたる傍聴を通して理解した。その委員のみなさんは残余のリスクに寄せられた意見をどう受け止め，新しい指針に反映させるのか。それは次回19日の分科会へ持ち越しとなった。

しかし，何としても「誤ってはいけない」「謝ってもいけない」との思い込みの強い官僚。原子力の安全をつかさどる安全委がそんなところで道を誤らないよう，市民の監視と発言，そして行動が引き続き求められている。

【13】パブリックコメントは反映されるか
新行政手続法のもとでの原発の耐震指針改訂作業 (2006/08/03)

パブリックコメントの法制化

パブリックコメントというシステムは2005年6月の行政手続法の改正により新設された「意見公募手続」によるもので，2006年4月1日から施行されている。そこには意見を公募することを義務づけるとともに，「命令等制定機関は，意見提出期間内に命令等制定機関に提出された命令等の案についての意見を十分に考慮しなければならない」（行政手続法第42条）とある。命令等とは政令・省令・告示のことで，意見公募やその結果の公示は電子政府の総合窓口（e-Gov＝イーガブ）にもある。

すなわち，政策決定過程に市民の意見を反映（法では「考慮」としてある）するために法制化され義務付けられたもので，これまで随時実施されてきた任意の意見聴取とは決定的に異なる。原子力に限らず，食品であれ人権であれ，ありとあらゆる「命令」が対象となるので，これから述べることは，他のあらゆる分野においても共通の課題

第2章　原発用耐震指針の改訂

として，是非参考にしていただきたい。

　今回のパブリックコメントは，原子力安全委員会としては同法施行後初の意見募集であった。対象は「発電用原子炉施設に関する耐震設計審査指針（案）」およびそれに関係する2文書。改訂原案は，安全委のもと専門委員十数名で構成する耐震指針検討分科会で審議・作成してきたもので，パブリックコメントへの対応もこの分科会で行うことになっていた。

反映すべき意見は，たった2カ所だけ！

　パブリックコメント終了後はじめて分科会が開催されたのは7月4日。これだけの意見がどのように反映されるのかと，固唾を呑んで傍聴していた。ところが，事務局が用意した事務局整理案（当日配布資料震分第44-5号）なるものは，応募意見に対する回答案の作成を試みているのだが，いずれの意見も改訂原案内の文言等を引用した上で「分科会ではこのようになった（したがってご意見を取り入れる必要はない）」と門前払い。それはあたかも意見を求めたのではなくて，質問を受け付けたかと錯誤させるような代物である。それを延々と聞かされるのであった。傍聴していてあっけにとられ，「質問を出したわけじゃない。失礼な！」と，何度叫びそうになったことか。

　しびれを切らしたS委員やI委員が進め方等について発言した。すると，別の委員が「議論の蒸し返しは」などと牽制する。指針案やその経過を読んだ上で，落とされたもの，盛り込まれたものについて，異議を唱える意見が届いたのである。そうしたら「改めて再検討」するのが筋であろう。それは蒸し返しではない。

　もっともこうした風景は，これまで少なからず目にして来たことだ。昨秋の原子力長期計画（その後，原子力政策大綱と名称変更）に対するパブリックコメントもまったくそうであった。しかし，上に書いたようにこの4月からはわけが違う。これではのっけから違法行為だ。

　結局，次回を7月19日に開催，それまでに委員から指針案への修正提案とパブリックコメントへの回答意見案を出してもらい議論する，ということをようやく事務局がアナウンスして終わったのであった。じつに3時間も無駄な時間を費やした後に。

仕切り直しの分科会

　いよいよ7月19日の第45回分科会。冒頭から石橋克彦委員（神戸大学教授）が，用意した会議資料「『提出意見』を十分に考慮する必要性と，改訂指針案とりまとめ後の状況の変化」（震分第45-5-1号）をもとに上記行政手続法の改正と同第42条を紹介，パブリックコメントの扱いについてと島根の活

断層に関して正論を展開した。

まず前者については、「提出意見を十分考慮することが、過去43回の分科会の審議の結果と同等か同等以上に『重い』」「提出意見では、分科会で十分審議されなかった点や、異なる視点から、数多くの貴重な指摘がなされており、改訂指針案をよりよいものにしていくうえで、それらの考慮がきわめて重要」等々。さらには「公示した改訂指針案に改善すべき点はなく、意見に対してはQ&Aを示せばよいと考えるとしたら、それは行政手続法の趣旨を踏みにじり、それに違背する行為だということになってしまう」と。

改訂原案修正の兆し

こうした意見に誘発されてか、他の委員からも同様の趣旨やおおむね良識的な発言が続いた。現行指針でも「残余のリスク」は認めていた、とする奇妙な事務局回答案についても、現行との違いを明確にという意見が出てきた。それというのも、提出されたたくさんの真剣な意見に触れることで、改めて委員に多くの気付きをもたらしたということであろう。早く新指針をと焦るばかりに、大部な意見を前に拙速を招きかねなかった安全委は、さすがに軌道修正を図らざるを得なくなったのである。

この日配布された当日資料の「提出意見と回答案」（震分第45-2-1～9号）も、前回の事務局案よりだいぶ変わり、改訂原案に対する委員の修正案を待つ姿勢になってきた。その後審議に入り、意見を取り入れたいくつかの修正案が具体的に提起されていった。

活断層に関する新たな指摘 次回へ持ち越し

石橋委員のもう一点の指摘は、「改訂原案策定後に活断層に関して大きな状況の変化があった。今回提出された意見には、この問題の重大性を指摘するものが多い。それらの意見を十分に考慮しつつ、関連規定を根本的に再検討する必要がある」というもの。これについても、活断層の専門家である衣笠委員が「非常に深刻な問題」であると認める発言をした。

しかし、到底一日で終わるわけもなく、時間切れとなって、次回8月8日に持ち越された。活断層をめぐる再検討については、今後の最大の注目事項である。

今年（2006）7月は第1回分科会からちょうど5年目に入るが、これまでの記録はすべて安全委のホームページで見ることができる。これは以前の委員会とは異なり、時折催促が必要なもののほぼ網羅されている。

また、安全委では質問・意見を常時受け付けており、これについても6月に制度化されたことから、このパブリックコメントの取り扱いについて筆者は9つの意見を提出した。安全委のホ

ームページ「意見・質問箱」に掲載されている。

こうした制度化と近年のインターネット環境のもとで，開かれた原子力行政に向けて，また悪評高き現行耐震指針の「改訂」に向けて，どこまで古い衣を脱ぎ捨てることができるのか，最後まで見届け，報告していきたい。

【14】庶民の武器は透明性，パブリックコメントのゆくえ (2006/08/29)

時代遅れと悪名高い原子力発電所の耐震設計審査指針の改訂作業がいよいよ最終段階に来た。

だが，この列島に住む人々の生活の安全がかかっているような重大な問題について，ほとんど報道がなく，当事者に知らされないまま決定されていく状況は，村田光平氏が「原子力の危険性に目覚めたフランス報道界」（『JANJAN』2006年8月24日）などで指摘するとおり，まことに困ったものである。傍聴には毎回多数の記者が詰め掛けているので，記者の問題だけではなさそうだが。

8月26，27日にはようやく，一部地方紙でも原子力発電所の耐震指針改訂についての報道が出てきた。報道されたこと自体は歓迎したいと思うが，残念ながらパブリックコメントの存在がすっぽり抜けている。パブリックコメント自体についての認識が欠如しているのではないだろうか。

とくに中国新聞（8月26日。共同通信配信による記事か）の「異例の早期確定依頼」は間違っていると思う。その記事では原子力安全委員会の委員長が"良い子"になっているが，筆者の見るかぎりでは，彼が"パブリックコメント無視"の張本人なのである。

改訂原案修正の兆し

原発耐震指針を改定する安全委の分科会は8月8日，委員の意見をすべて盛り込み，パブリックコメントの代表的な意見をたたき台として，修正の検討が行われた。できるかぎり意見を反映させようという姿勢も見せた。

それ自体は，かなり画期的なことだ。しかし，所詮改定案をまとめた同じ顔ぶれで行うのだから，「議論の蒸し返し」という反論が繰り返され，活断層をめぐってはまとまりがつかず，さらに後半の議論を残して次回8月22日にとなった。

680件のパブリックコメントに対して「修正は必要最小限に」!?

そして8月22日。午後4時から9時まで，1分の休憩もなくノンストップ

の5時間。これはすでに前回,「16時からということで,終わりはわかりません」と予告されていたところだが,安全委の非人間性を象徴しているように思う。

5時間にわたる紛糾の後,次回28日でまとめるとの強行日程が組まれてしまった。

以下が22日の報告である。とくに問題にしたいのは,パブリックコメントへの対応(「耐震指針検討分科会」第47回速記録参照)。

「議論を蒸し返さない」を合い言葉に,分科会は再び"パブリックコメント無視"に方向転換しはじめた。"主犯"は鈴木篤之委員長。当日,審議冒頭で「パブリックコメントを受けての修正を必要最小限に」と強制したのである。

「最初の案が,修正した結果,パブリックコメントにある意見を明らかに越えているというのか,あるいはコメントとは別の新たな内容を含んでいる場合,そういう場合に原子力安全委員会としては,場合によってこれは新たな案として再度お手元の案に差しかえたような形でパブリックコメントにかけなきゃいけない」(耐震指針検討会速記録p.22　委員長)

と縷々述べた後で,強引に次のように主張したのである。

「今回の改訂作業でパブリックコメントを受けた修正というのは,できれば必要最小限にしていただきたい」(同上p.23　委員長)

その後の審議で,主査(議長)もこれを受けて,

「このご意見は,特定のパブリックコメントでここのところを直せ,という強い提案があったものではない(略)既に一度,(略)パブリックコメントにかけてしまった文章であるという先ほどからの従来の経緯についてのご指摘もございましたので,これにつきましては原案どおりということにしてはいかがか」(同上p.39　主査)

さらに委員長は5時間後の最後の挨拶でも,トドメをさす。

「指針改訂案をできるだけ早期に確定いただくことを何としてもお願いしたくて,ここで修正を要することについては必要最小限にできればとどめていただいて,安全委員会としてできるだけ早期に耐震安全に係る確認の作業に移らせていただきたいと」(同上p.86　委員長)

この強権発動により,7月19日の会議で石橋委員の主導によって一部委員に芽生えたパブリックコメントへの真摯な対応の芽は摘み取られようとしている。

上記主査の発言にあるような,具体的提案文がない,という理由で応募意見を排除しようとするのはパブリックコメントの矮小化であるし,またその「趣旨」を汲んだ修正まで再度パブリックコメントにかけなければならない,とする委員長の脅迫も,とんでもない

歪曲だ。パブリックコメントを極力活かさないようにするための屁理屈にすぎない。

秋山委員の発言「ということをはっきりうたえば，自ずとパブリックコメントに答えている部分が多くなるのではないか」(7月19日速記録p.10)にうかがわれるような，なるべく多くのパブリックコメントを取り入れ「パブリックコメントに応募してよかったな」と思わせる些細な修正（気配り）も行政には求められているわけで，それでなければ応募する人はやがていなくなってしまうだろう（まあ，それが狙いなのだろうが）。

28日は「最終確認」と宣言

28日は，青山主査・大竹主査代理・事務局でまとめた修正案を承認する，パブリックコメント対応については事務局・安全委に一任する，として分科会は最終回にするつもりだろう。後は自動的に安全委承認へともっていく。

どう考えても委員長の見解は正論ではない。本来なら新たに浮上した議論の分かれる問題こそ，意見提出者を招請して再検討すべきである。そうした修正については，委員長の言うとおり再度パブリックコメントにかける必要もあるかもしれない。

しかし，内容的に議論が大きく分かれていないもの（新指針に取り入れるか否かではなく）まで，屁理屈で修正意見を切り捨てようというのは通らない。「議論の蒸し返し」とは，意見提出者にとってまったく心外だ。

ところが情けないことに「少しでも良いものに」という言い方は，もはや石橋委員以外の口からはついぞ聞かれなかった。

規制行政への注文付けを

翌23日，原子力安全・保安院のもとで行われている既設炉の見直しについての検討案は，何と安全委に先駆けてまとまってしまった。もちろん，耐震指針案の修正を反映しつつ検討しており，さらに修正が出ればそれにともなう部分は手直しになる。

それだけに指針案はこれ以上修正したくないのだろう。むしろ，このまとめが本採用になれば，現在稼動中の原発が維持できなくなると危惧して，新指針案を元に戻そうとしているようにも見受けられる。

この保安院のもとでのまとめには問題も多いが，一方で指針案よりも具体的に足枷をはめた項目もある。活断層調査の対象範囲，パブリックコメントで要望のあったトレンチ調査の明記などだ（保安院のホームページ8月23日の会議資料参照）。

庶民の武器は透明性

以上，パブリックコメント終了後，

7月4日からの2カ月間に、安全委では4回の審議が行われた。この間、議論の透明性は格段に上がった。これまであまりにも"真っ黒け"だったから、パブリックコメントを受けてのこの間の議論はなかなか透明度が上がった。150人くらいの傍聴者の目の前でだんだん"本性をむき出しにしていく"委員たち。委員長の度重なる"脅迫"も幕が上がったままの中で発せられたのだった。しかし所詮、ガラスを間にはさんだ透明性である。またガラスと庶民の間にはカーテンがかかったままだ。

・28日の分科会は、どう決着を付けるのだろうか。
・委員長は「必要最小限」と言うが、誰が必要と決めるのか。
・分科会としては、「最大限」取り入れるべき。
・パブリックコメントは行政の問題であり、透明性は行政だけではなくマスコミの問題でもある。

等々の疑問を抱えて傍聴に臨んだ28日、「審議の始まる前に」とことわって、石橋委員が用意した資料をもとに糾弾の弁を述べた。そして、これでは委員として責任をもてないとして辞任を宣言し退席してしまった。

その後分科会は、700件近くも寄せられたパブリックコメントのほとんどを反映することなく、原案をわずかに修正したのみで、結論を取りまとめた。

【15】浜岡原発運転差止訴訟の証人尋問スタート (2006/10/10)

静岡地裁で浜岡原発運転差止裁判の証人尋問が始まった。中部電力の浜岡原発1～4号機を東海地震の来る前に止めて、と市民が訴えて係争中の事件である。

「東海地震が来ないうちに」という切迫感から運転差し止め仮処分を申請したのが2002年4月。さらに1年後の2003年7月、民事訴訟を提起し、その後仮処分申請と一本化し、今日（2006年10月）に至る。

2005年9月には浜岡2号機、2006年4月には同じく4号機の現場検証が行われ、本訴提起から3年経過後の9月8日、いよいよ証人尋問に入った。来年（2007年）3月までに9回、11人の尋問が予定されている。その先頭を切って原告側2人（9月8日）と被告側2人（10月2日）の主尋問がすでに終了した。

この浜岡原発、いったん事あるときには間違いなく国中に影響が及ぶというのに、残念ながら法廷の模様はほとんど静岡県内でしか報道されていないので紹介しておきたい（あわせて巻末の年表参照）。

元原発設計技術者が証言

証人11人のトップバッターは原告側，過去にバブコック日立で原子炉圧力容器の設計をしていた田中三彦氏。岩波新書『原発はなぜ危険か』の著者である。

「もともと設計には十分な余裕をもっているから，想定を超える地震動にも耐える」とする被告中部電力に対して，原子炉の設計思想をもとに，その問題点と被告ら当事者の安全意識を突いた。

耐震設計における「安全性」とは，その原発サイトで想定される地震の揺れにより発生すると考えられる地震力に対し，構築物が耐えられるか否かでまず決まる。設計者は，何が何でもその要求に応えなければならない。

氏は，原子力は化学プラントよりも厳しい基準で設計されていると思われるかもしれないが，じつは逆であると指摘した。

使用された材料の強度に対して，化学プラントでは1/4の範囲内に収まるように設計されているが，原発では1/3以内まで許されている，と考えればわかりやすいだろうか。この分母4や3が，「安全率」である。なぜ安全率を考慮するかといえば，材質や施工の際に生じるあらゆるばらつきや不確実要素を吸収するためであって，これは「余裕」ではない。いわば安全のための保障措置である。だから原発のほうが保障が少ないというわけだ。

設計する立場から見れば，原発では必要な強度の3倍以上で設計すればいいということだ。「化学プラントと同様に4倍にしたのでは巨大化しすぎるため，スリム化したものと聞く」と田中氏。

それが許されるための根拠として，原子力においては詳細な強度解析を行って，必要強度を割り出すようになっている。これをデザイン・バイ・アナリシスといい，アメリカ機械学会（ASME）の発想だそうだ。

ところがこの解析が未熟で，運転開始早々あちこちで亀裂を生じたりしている。だから信頼できない，と理屈と現実の違いを証言した。浜岡5号機のタービン破損事故の原因は設計ミスといわれているが，これもその一例であろう（第3章【19】【20】参照）。

金属学の権威も証言

続けて金属の専門家，井野博満証人の登場。金属学会の重鎮だ。仮に設計が満足であったとしても，金属材料のほうが，それにこたえるだけの性質を備えていない，という趣旨の証言であった。

東電不正事件で表面化した金属の亀裂（応力腐食割れ）は，従来のタイプとは異なり，新たに開発された材質に生じていることを，金属の組織に踏み

込んで明らかにし，既設の原子炉に使われている金属素材では亀裂が避けられないこと，さらに検査も不十分であることを証言した。亀裂の防止対策および検査による事前の検出は，それこそ放射能を閉じ込めておくべき原子力発電にとって，致命的問題だ。

さらに圧力容器（炉壁）の脆性破壊についても，試験片を挿入して観察されてきたものの，現実の圧力容器を切り出した結果や最近取り出した試験片は，予測を上回っていたなどの最新情報を解説。原子力における「高経年化」の実態とともに，つねに人智は及ばないという恐ろしい事実を浮き彫りにした。

中部電力側の証人

それから25日後の第2回目，被告側新井拓証人（電力中央研究所）が，金属材料の専門家として，井野証言に反証。しかし，従来の知見をもとに，従来の対策で十分という域を出なかった。

もう一人の被告側証人徳山明氏は，浜岡5号機の安全審査に関わったという地質学者。県内の私立富士常葉大学の元学長である。

その証言は，浜岡原発の直下で，繰り返し大地震が発生してきたという肝心のことを横において，ただその地盤の頑丈さを述べ立てただけだった。浜岡原発がまたぐ幾筋かの断層破砕帯についても，完全に固着して一枚岩となっている，あるいはまた，東海地震の際の地盤の隆起はなだらかなものだ，という。

そこには，大地震のたびに陸側を1〜2mも跳ね上げるという巨大な地震のパワーは微塵も浮かんでこない。まるで静かにそうっと隆起するかのようだ。100年から200年という短い周期で，頻繁に急激な隆起を繰り返してきた地盤が，そのたびガタガタと激しく振動し続けた地盤がどんなものであるか，想像に難くないと思うのだが。

何より5号機は，4号機までと違って，「原発震災」の危険性が大きく指摘されるようになった中で，国の安全審査を通過したもので，当時あ然とさせられたものだ。その審査委員として，地震・耐震分野の主査を務めた「専門家」こそ，徳山証人その人であった。耐震に関して，5号機の設置許可に最も責任のある専門家だ。まさに国の審査の実態を象徴する，最悪の証言であった。

原発裁判の判決に変化

北陸電力志賀原発2号機の訴訟で，耐震性の不備をもとに，金沢地裁が運転の差し止めを命じる判決を下したのは，今年（2006年）3月。営業中の原発の運転を止める司法判断としてはじめてのこと，画期的な判決だった。

原発をめぐっては近年，安全管理に疑問を呈する判断が出ている。「放射性

廃棄物を生み出す原発は中止しようという選択肢もあってよい」(北海道電力泊原発訴訟地裁判決)，「より安全に徹した運転方法を心がけるべきだ」(女川原発訴訟控訴審判決)などである。志賀原発でも1号機訴訟控訴審判決で「核燃料再処理など未解決の問題が残っており，人類の『負の遺産』の部分もある」と指摘している。

浜岡原発差止訴訟は，来年(2007年)3月に証人尋問がすべて終了すると，同5月に結審，9月判決，というスケジュールで進むことが合意されている。東海地震がいつまで待ってくれるかハラハラしながら，原告らは裁判のゆくえに期待している(「浜岡原発とめよう裁判の会」のホームページ参照)。

【16】既設原発55機の耐震性再評価（バックチェック）始まる
(2006/10/20)

既設原発も耐震の見直し

2006年9月19日，新しい耐震設計審査指針は，原子力安全委員会決定として確定してしまった。

同委員会は，新たに建設される原発向けの耐震指針改訂と同時に，既設炉の安全確認についても決定し，行政庁(原子力安全・保安院)が対応するようにと要請した。保安院では，すでにこれを見越して，新指針(案)が確定もしないうちに，再評価の手法検討の場をもっていたから，手まわしよく翌9月20日には，各電力会社に対し見直しの指示を出した。

保安院の既設炉への対応は，全国55機の原子炉すべてに対し，
① まず号機ごとの計画を出させる
② 評価結果については，その評価手法も含めて詳細報告を提出させる
③「残余のリスク」に関する定量的評価（試算）を求める
となっている。

これを受けて，10月18日には再評価実施計画書がいっせいに各電力会社および関連事業者から，保安院に提出された。一番早いスケジュールは中部電力浜岡原発3・4号機で，12月に再評価終了としている。裁判を意識しているのは間違いない。

今年(2006年)3月24日に，金沢地方裁判所が耐震性を理由に運転停止を命じた志賀原発2号機(北陸電力)では，1号機に先んじて来年9月報告としている。補強工事をするとも明記している！

「残余のリスク」の試算については，予定は明記されていない。評価報告書を提出した後，速やかに出すとしてあ

るだけだ。

どのようにしてチェックするのか

いずれにしろ, 予想外の速さで再評価を遂行しようとしている。いったいどのような方法で再評価し, どう審査しようというのか。市民や地元住民が納得できるものなのか。

耐震設計における「安全性」とは, まず第一に, そのサイトで「想定される地震動（揺れ）」によって発生すると考えられる力（地震力）に対して,「構築物（機器・配管も含めて）の各部が耐えられること」である。

ここで「想定される地震動」が, 建設時のものでは甘いことが最近になって判明したので, より適切なものに修正する必要が生じたわけだ。その新たな根拠が, 改訂指針（新指針）である。新指針によれば, 地質調査からやり直し（といっても電力会社はどこでも補充的な調査でお茶を濁そうとしている）, 原発を襲うと予想される揺れを, 新たに定め直すことになっている。

こうした経緯からすれば, 想定する揺れは, 建設時のものより大きくなければ格好悪いはずである。しかし, 後の作業を考えれば, 拡大は極力抑えるであろうから, 大幅な変更はあまり期待できない。

「構築物の各部が耐えられるか否か」については, その新しい地震波を建設時の設計に作用させて, 各部に生じる応力を計算して求めたものと, そこで使われた部材や形状によって決まる強度とを比較して, 許容範囲内か否かを検証するのものだ。

「合格は取り消さない」という審査

事業者に再評価させた結果は, 行政庁である保安院が審査をすることになっている。そこで合格できれば「耐震安全性を再確認した」ということになるわけだが, 問題なのは, その結果落第点が出ることをまったく想定していないことだ。むしろ, どんな結果が出ようと,「設置許可等を無効にするものではない」とわざわざ明記している。

上記③の「残余のリスク」にしても, 炉心損傷などの何らかの確率を試算させようというものだが, その結果どんな値になったとしても（どんなに大きくても）, 参考にとどめるだけとしている。

浜岡4号機が先行, 間に合わなければ「補強」工事

そうしたアフターケアも含めて, いったいどんな評価をしようとしているのか。その格好の例を, 9月にまとめられた浜岡4号機の補強工事中間報告に見ることができる。

中部電力では決して補強といわず, 耐震「裕度」向上工事と言い張ってきたが, それは真っ赤なうそであったことが, まずわかる。解析は耐震安全上

重要な施設だけ抽出して行ったのだが，自ら定めた3割アップの地震動（最大1040ガル）に対して，配管のサポート類はまったく強度不足であった。その数194カ所，総数の3％。

だからこそ，この194カ所のサポートを取り替えたり，筋交いをつけたり，厚みを増やしたり，という「補強」を施したのである。それでも，要求される強度ぎりぎりというサポートが散見される。補強する前の解析結果は掲載していないのでフェアではないが，サポート類については，設計時の想定（600ガル）に対し，目いっぱいの設計施工しか行わなかった（節約した）ことが推定される。もしも600ガルを超える地震動が来て配管が暴れれば，サポートを引きちぎってしまっていた，ということだ。

ほかにもケーブルトレイなどで，1000を超えるサポートの補強を行ったとしている。今回検討対象とした重要機器・配管等の設備そのものについては，燃料取替機と原子炉の上部にある大クレーン以外は，すべて合格であったとしている。

計算による確認は不透明

しかし，果たしてどんな解析をしたのか，どんな補強をしたのか，すべてが透明にされなければ説得力はない。また対象外の機器に潜む弱点から，破壊が波及してくる不安もぬぐえない。

解析結果ひとつとっても，浜岡4号機の耐震補強についていえば，
① 設計値（600ガル）では，このようにすべて基準以内である
② しかし目標地震動（1040ガル）では，このようにクリアできなかった
③ したがって，補強した結果，このようにクリアできた
という具合に，3種類の解析結果をすべて示して比較できるようにしなければ，なぜ補強工事をしたのか，という理由もわからなければ，その工事によって確かに補強された，という保証も与えられないのである。

ともかく新指針に照らして落第点が出た場合に，国が考えていることというのは，この程度の補強を施すことくらい，ということがよくわかった。今後しっかりと監視し，透明性を求めていかなければならない。

第3章
事故編

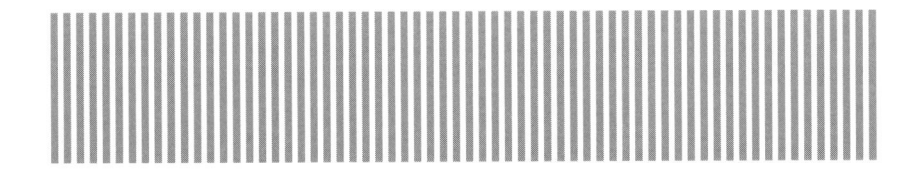

たえまなく繰り返される原発事故。行政庁として原子力安全・保安院が規制しているはずなのだが，時として保安院のほうが電力会社の前に立ちはだかり，情報開示の妨げになることも少なくない。原発震災を未然に防ぐにあたっても大きなネックになっており，本末転倒だ。行政庁である経済産業省からの独立を求める声の高まる中，重要な事故の実例を通し，事業者および原子力規制の課題を洗い出してみた。

【17】重大な制御棒「破損」事故，福島第一原発6号機 (2006/02/12)

　原発の心臓部での深刻なひび割れ問題（2002年東電不正事件）がそろそろ忘れ去られようとしている昨今，年明けと共にまたも重大な損傷が見つかった。今度は心臓も心臓，原子炉内で核燃料の反応をコントロールする重要な役割を担う制御棒（ブレーキ）。そのカバーが無残にも10cmほどにわたって引きちぎられていた。

　マスコミでは単に「ひび割れ」と報道されているが，真相は「破損」していたのである。

アクセルとブレーキを兼ねる制御棒

　制御棒（図3参照）とは，核反応を進行させるのに必要不可欠の「中性子」を吸収する働きをするもので，化石燃料の燃焼にたとえれば，酸素を吸収してしまうようなもの，素材はボロンだ。中性子の量をコントロールすることで，出力（火勢）を調節する。火を消したいときには，制御棒をすべて挿入することで，核反応を止める。車でいえばブレーキの働きだ。通常の停止操作は，半日くらいかけて徐々に挿入し中性子を減らしていくが，緊急停止の場合には3秒くらいの短時間にいっせいに挿入させる（急ブレーキ）。

　一方，起動の際には1本ずつ抜いていくので，アクセルを兼ねている。発電中（走行中）はすべて抜いた状態になる。

　だが，今回破損したのはこうしたボロン製制御棒ではなく，「ハフニウム板型」タイプといい，車にとっての制限速度（道路の規制値ではなく）を超えて暴走しないよう制御する働きをもたせたもので，原子炉の中央付近に配置し，運転（発電）中でもある程度の長さは挿入したままにしておく（緊急停止の際は，それも全挿入する）。

「破損」を「ひび等」と偽装

　破損の発見は2006年1月9日，定期検査中の東京電力福島第一原発の6号機だ。ところがこれが，原子力安全・保安院に公式に報告されたのは18日，中部電力はじめ他のBWR事業者（沸騰水型の原発をもつ電力会社）に保安院の指示と共に知らされたのは，発見から10日も後の19日である。

　しかも，その指示の中で保安院は「ひび及び破損（以下「ひび等」という）」と表現し，以来今日に至るまで一貫して「ひび等」としているため，派手な破損の事実は覆い隠されてしまった。規制庁にあるまじきことだ。

　「今回のSUS316L系材の応力腐食割れに対する国，事業者，メーカーの対応を調査した結果，必要な情報が共有

第3章　事故編

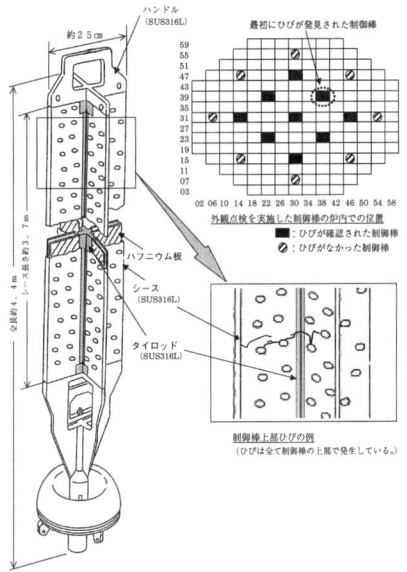

(1) ハフニウム板型制御棒の外観図　福島第一原発6号機制御棒の外観点検結果の例

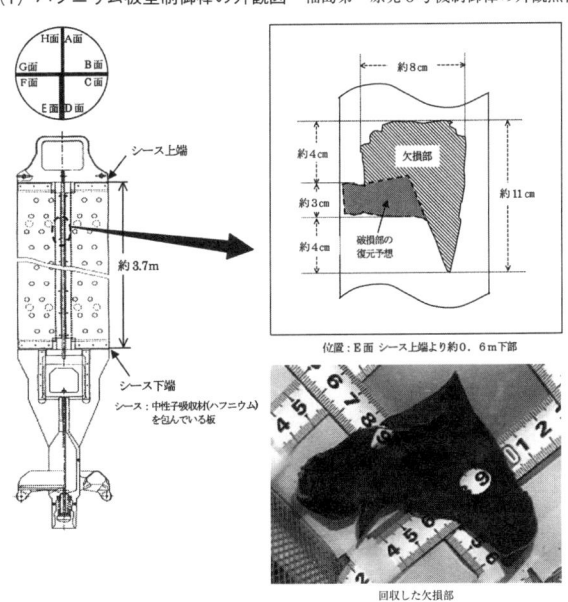

(2) 福島第一原発6号機（2006年1月9日）制御棒破損部の状況
スケッチ図は1月18日，写真は1月25日の公表

図4　ハフニウム板型制御棒と破損事故

化されず，結果として対策が遅れてしまったことから，今後は実機での事例や海外の知見が速やかに反映できるよう，国，事業者，メーカー間で広く知見の共有が図れる仕組みを構築していく必要がある」

これはわずか1年余り前の反省の弁，2004年10月22日保安院発行の「炉心シュラウド及び原子炉再循環系配管の健全性評価について—検討結果の整理—」の末尾（p.60）「5. 今後の課題について」の中の「5　運転管理情報の共有化」の全文である。

じつは東京電力では，昨年（2005）7月20日と1995年の定期検査中に，制御棒のひび割れを検出している。いずれも柏崎刈羽5号機だが，どちらも報告していなかった。前者は，上記反省から1年もたっていないのである。今回の制御棒破損も同じステンレスSUS316L系材の応力腐食割れとみられる。いったいどうなっているのか。

大いなる偽装を暴く

それだけではない。破損発見からこれまでのプレス発表等を見ると，悲しいかな，東京電力や保安院の"隠蔽・偽装体質"は根強く，筆者には「骨の髄まで染み込んでいることを実証してくれた」としかいいようがない。これまでと違う点の一つは，今は保安院の検査官が現地に常駐していること。一部始終を見聞きしているはずだ。それだけにいっそう救いようがない。

そうした保安院の姿勢は，当面の対応についても反映されている。運転を停止して検査を求めるべきところ，一歩間違えばとんでもない事態を引き起こしかねないような試験を，保安院が指導して，運転中の全国のBWR原発で行わせている。その上さらに，ほとんど前例のない制御方式を指示して，運転を継続することを求めている。

東京電力が発表している回収された金属破片や破損部は，私たちが想定東海地震の際に，不幸にして浜岡原発の炉内で惹き起こされると憂慮している燃料集合体や制御棒の破損を，現実のものとして突きつける衝撃的な実像だ（図4）。これこそ未来への予告の図ではないか。ところが，保安院の報告に添付した図はひび割れの例のみ（図4の(1)），破損部の図(2)は隠滅だ。

原発震災が危惧される浜岡原発を抱える静岡県在住者としては，明日に迫る想定東海地震の襲来を前に，安全をもてあそぶかのごとき政府，保安院の姿勢を厳しく問う。

〈追記〉筆者らがどのようにしてこれらの大いなる偽装を読み取ったかを，この記事に続けて『JANJAN』にくわしく寄稿した。だが，あまりに詳細かつ大部なので，ここでは省略する。情報は，各電力会社や保安院等のプレスリリース，そして東京電力本社や中部電力等への質疑により得た。

【18】ひびだらけの原発心臓部，今度はブレーキ（制御棒）が！
(2006/03/28)

歴史は繰り返すとは言うものの，原子力での失敗の繰り返しはごめんだ。ところが東京電力の不正発覚に続く一連のシュラウド・配管ひび割れ問題（2002年）と同じ事態が現在も密かに進行している。

福島第一原発6号機の制御棒「破損」事故。この破損をきっかけに，他のプラントや過去に使用していた制御棒を検査したところ，続々とひび割れが検出された。現在も運転継続中の原子炉の中に，人知れず破損し，金属片が暴れまわっている例が，他にもあるかもしれない。

ブレーキ故障の恐れ，でも "運転継続" !?

原子炉の持病「応力腐食割れ（SCC）」が，ついに制御棒にも顕在化し，とうとう破損に至る例が出てきた。福島第一原発6号機は制御棒「破損」事故だ。単に「ひび割れ」と報道されているが，ひびと破損では雲泥の差だ。犯罪で言えば，罪を犯しそうな人と，罪を犯してしまった人ほどの違いである。その危険性も，具体的に危険が迫っているか否かの違いである。

しかし今回は，運転中の原子炉を止めて検査するということはどこもやっていない。制御棒とは，原発のブレーキそのものだ。ブレーキに異常をきたしているかもしれないのに，平然と運転を続けていていいのか。とりわけ地震の襲来が何時来るとも知れない日本の原発の場合，制御棒の一斉挿入による緊急停止は，いつでも絶対的に保証されていなければならないのに，とんでもない話だ。

しかも肝心の情報はほとんど開示されず，真実が隠されたまま，規制庁である原子力安全・保安院による危険な対策・対応が続けられている。それらに対して市民は数々の疑問を投げかけたが，いまだに保安院も電力会社も答えていない。4年前のひび割れ問題当時より何歩も後退している状況と言わざるを得ない。こうした情報非公開が功を奏してか，マスコミの報道も不十分だ。

以下，筆者らの調査結果を報告する。

福島原発の制御棒「破損」状況

今回の問題の発端となったのは東京電力福島第一原発6号機だ。定期検査中の全挿入試験の際に発覚したとされる。この試験は，いったん全長を引き抜き，その後50秒くらいかけて，185本ある制御棒をいっせいに全挿入する。ところが東京電力によれば，1本の制御棒が引っかかったので，駆動水圧を上げて挿入した。全挿入はできたのだ

がその際に壊してしまったらしい、という。制御棒には引きちぎられたような「めくれ」が残され、10cmほどのサイズの破片が見つかった。

炉内にあるこのタイプと同一仕様の制御棒を水中TVカメラで調べた結果、17本中9本にひび割れを検出した。2月1日に提出された東京電力の事故報告書に記されたスケッチ図によると、なんとも無残なもの。図5は一例だが、ひび割れは4m近い長さ方向の上半分すべての面に見られ、なかにはひびがほぼ一まわりして、何もしなくても剥がれ落ちルースパーツ化しそうな部分がある。すでに穴が開いてしまったように見えるものもあり、早晩次々と剥がれが生じて、ぼろぼろと落ちるところだったのではないだろうか。

東京電力の報告を受けて保安院は、すべてのBWR（沸騰水型原子炉）所有電力会社に対し、同一仕様であるハフニウム板型制御棒の使用状況等の報告を求めた。その結果、今回のケースが特例ではなかったことがわかった。ひびは多発していたのだ。過去に使用した保管中のものを調べたところ、2月27日現在、すでに浜岡原発を含む4原発で、点検済み157本中32本にひびが見つかっている。

問題は炉内への異物（金属片・粉）混入

そこでまず心配されるのは、剥がれ落ちた金属片や、それにともなって生じたかもしれない金屑や金属粉のこと。制御棒（板）は、林立する燃料集合体のきわめて狭い間隙に挿入する。BWR型原子炉の場合、停止操作は、4m近い長さにわたって下から上へと挿入される。剥がれ落ちた金属片がその間隙に噛み込んでしまえば、全長挿入は妨げられてしまう。ブレーキが利かない、すなわち運転停止の失敗だ。とりわけ事故や地震などの緊急事態の際の緊急停止失敗は、絶対に許されない。

また、BWR型の原子炉の場合、炉内は激しく沸騰している。小さな破片、および粉状のものが、激しく沸騰する炉内で冷却水の流路を塞いだり、燃料棒を傷つけたり、はては高温の燃料棒に癒着したりすれば、順調な冷却を妨げ、局所的な炉心溶融すら引き起こしかねない。金属片は熱水の中で暴れまわり、どこへ入り込むかわかったものではない。

18年前、東京電力は福島第二原発3号機で、再循環ポンプの大破損事故を起こした（序章参照）。炉内に入り込んだ金属粉等約30kg（このときは、金属片と金属粉を、金属粉等と称した）を「100％回収しなければ運転再開を口にしない」と社長が約束、2年にわたって運転停止している。その緊張感は、今はない。

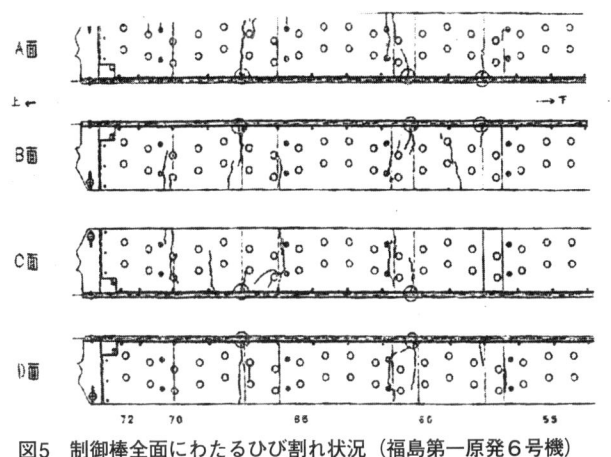

図5 制御棒全面にわたるひび割れ状況（福島第一原発6号機）

保安院は事故隠しも指導？

ところが，保安院はとんでもない指示を出す。運転中の炉で動作確認試験，すなわち運転を止めることなく，1本ずつ上下に動かす動作試験をせよというのだ。このテストは，1ノッチ分（15cmほど）だけ動かすのだが，運転中は毎週行うことが定められている。イザという時に，挿入できなかったらたいへんだからだ。

しかし今は，ひびが貫通して剥がれそうになっているところや，すでに剥がれ落ちた破片があるかもしれない。今回の例では，東京電力は，全挿入試験で制御棒を動かした際に壊した，と言っているのだ。

この事故に関する保安院の初の広報は1月19日だが，その中で「ひび及び破損（以下「ひび等」という）」として，以後はすべて「ひび等」と表記している（【17】参照）。例によって「事故」を「事象」と称する独特の言いまわしか，と思った。

ところがそれはプレス用の文書で，じつは各電力会社への正式な指示文書では，「ひび及び破損」としている。マスコミ対策だったのだ。結局，各社の報道記事は「等」も抜けて「ひび」問題となってしまった。そのため，今に至るも事態の深刻さが覆い隠されたままと言える。

東京電力も，不可解なプレス発表を繰り返し，非常にわかりにくい状況をつくっていた。ひび割れの模様を示すスケッチ図（図5）は，2月1日付の報告書にしか掲載されておらず，またその報告書にたどりつくのも容易ではない。東電共の会が本社から直接入手した。

写真にしても，たった1枚の回収し

た破片しか公表していない（図4の(2)）。しかも，破片の形状は破損部分と一致し，動作試験の際に引き千切られたものだから，これ以外にないと断定している。

東電の隠ぺい策あえなく崩壊，3号機でも「破損」事故

ところが3月に入ってまたひとつ，同じ福島第一原発の3号機で破損が見つかった。今度は運転停止してから壊したもの，という言い訳は利かない。運転中に再循環ポンプが不調のため手動停止したので，制御棒の目視検査をして見つけたものだ。通常はしない検査だが，6号機の破損事故を受けて行ったのだった。

したがって，運転中にすでに剥がれていたか，遅くとも，手動停止する際に壊してしまったものだ。あるいは，保安院の指示による運転中の動作試験（その時は異常なしと報告していた）で壊してしまったのかもしれない。いずれにしても運転中の破損である。

ということは，金属片等がすでに発生しているかもしれないのだ。しかし，東京電力では7日，1片の破片を4日に回収したことと共に，また勝手に（第三者に公開せずに），破損部と一致したのでそれ以外にない，という発表をした。

ところがこれは偽りであった。さらに1片がとんでもないところで見つかり，それを破損部と照らし合わせた

ところ，少なくとも4つの破片に割れ，残る2片は行方不明であることを認めざるを得なくなった。東京電力は3月20日になって，訂正した（図6）。

保安院は運転継続を指示

保安院がいかにごまかそうと，6号機も3号機も単なるひび割れではなく，制御棒「破損」事故だ。ひびが進展して金属片が剥がれ落ちたのだ。

非常に奇妙なのは，一連の事故報告の中で，このルースパーツのことがまるで登場しないことである。200ページ以上はあろうかと思われる東京電力の2月1日付事故報告書にも，見つけることはできなかった。

ルースパーツの発生を考えれば，ひびだらけの制御棒を動かせるのは，止める時だけ，ということだ。動かしたら最後，止めておかなければ危険なのだ。しかし保安院は何を考えたか，ひびの発生しているおそれのある制御棒を，全挿入状態にした上で運転を続けるという指示を出している。

全挿入状態にするよう指示した理由は，おそらく緊急停止時に挿入失敗することを恐れたのだろう。だが今のうちに手動停止しておけばそのような危惧は不要である。ところが，逆に運転を継続することによって，さらに金属片・金属粉を生じ，そのいたずらによって緊急停止はおろか，通常の停止操作（手動停止）の失敗すら危惧される

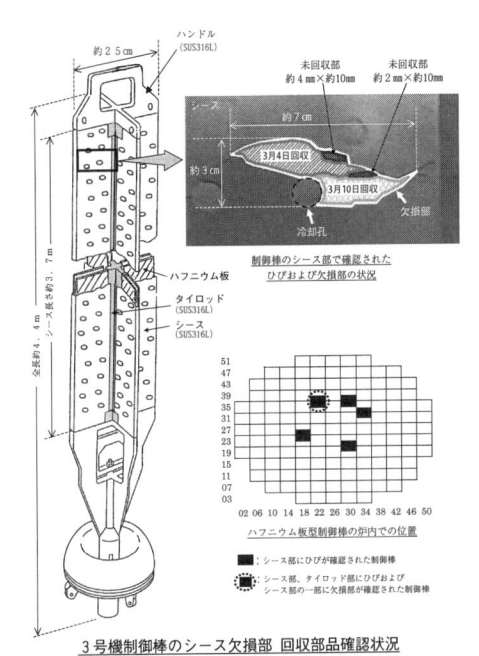

図6 福島第一原発3号機でも制御棒破損
4つの破片が生じ、一部は行方不明

事態にしてしまった。

また金属粉は長大な配管に流れ出し、全身をめぐることとなるので、どこに影響してくるかわかったものではない。重要な弁などにかみ込まれては困るのだ。

繰り返す制御棒の変形・破損

東京電力の説明では、今回のひび割れは東芝製の「ハフニウム板型」タイプで、中性子を一定量以上浴びたものに限って出た応力腐食割れと断定し、保安院もまたそれを追認している。応力腐食割れとは、2002年東京電力の不正事件の発端となった、再循環系配管やシュラウドの溶接部に発生するひび割れで、原発開発の当初から悩まされてきた、いわば持病である。

制御棒では、これまでにさまざまなタイプが開発されてきた。その都度、ひびや変形の問題を引き起こしてきたが、今回は、とくに中性子照射の激しい炉内中心部に使用される調整用制御棒だ。他の制御棒よりも大量に中性子を吸収しており（これが中性子照射量）、中性子照射誘起応力腐食割れが起こりやすいといえる。そこで今度こそはと期待された新型がやられたのであり、過酷な炉内環境に耐え得る金属

素材を開発するという課題が未解決であることを示している。中性子発見からわずか70年余り。中性子照射による金属等への影響も、まだまだ未知の分野だということを、またしても思い知らされた。

当面の対策としては、もとの仕様の「ボロンカーバイド型」に戻して運転再開するとしている。だが、はたしてこの仕様の制御棒には問題がないのか、今回調査したという報告は聞こえない。

即刻の運転停止以外に選択肢はない！とりわけ危険な浜岡原発

こうした過去の事例や炉内環境を考えれば、運転中の原子炉については直ちに停止して点検するべきだ。

ところが、上に述べてきたように保安院は、運転停止して検査するよう指示する代わりに、運転中の原子炉に対する当面の対策・対応として、①炉内にある同型の制御棒の動作試験をすること、②ひびの発生している恐れのある（一定量以上の中性子照射量の）制御棒を全挿入状態にして、運転継続するよう指示した。

この②の対策により、浜岡原発4号機では対象となる制御棒が多いため、この対応によって40万kWも出力が低下した。そのまま3月23日の定期検査開始まで引っ張り、およそ70万kWで運転を継続した。このような低出力運転は、これまでに例もなく、実証もされていない。むしろ、わずか10％前後の出力低下が、再循環ポンプ部品の共振点に一致して羽根車をめちゃめちゃに破損してしまった苦い前例がある。上述の18年前の再循環ポンプ大破損事故だ。

そもそも浜岡原発3号機で使用された保管中の制御棒の点検によって、17本中13本という他プラントに見られないほど高い比率のひび割れが検出されているのだ。運転中の浜岡3・4号機は、ひび割れ発生の疑いをもって臨むのが当然であろう（1・2号機は長期運転停止中）。

なお、仮に金属片・粉がなかったとしても、一部の制御棒の全挿入対策によって、制御棒の利きが悪くなり、これまた緊急停止失敗へと繋がるおそれがある。

3月24日、金沢地裁で新型の志賀原発2号機に対して、耐震不備を理由に運転差し止めの画期的な判決が出た。原発震災に最も近い、といわれる浜岡原発こそ、ブレーキに不安があることが判明した今、即刻停止すべきではないか。

それにしても再循環配管やシュラウドのときには、少なくともこのように壊れるに至った例はなかった。事態はより深刻であるのに、国や電力の対応はより甘い。救いようのない状況と言わざるを得ない。

【19】浜岡原発5号機，新型タービン大破の大事故，軸振動大で自動停止 (2006/07/05)

2006年6月15日，中部電力浜岡原発5号機が，発電タービンの異常振動で自動停止した。振動が通常の8倍となり警報設定値に達したもの。

タービンの軸受に設置された振動検出器の測定値が，警報設定値（0.25mm）を超えての自動停止であるから，おそらく羽根車のバランスを大きく崩すほどの破損が生じているものと推測していたところ，やはりタービンの羽根（動翼）がメチャメチャに壊れていたと，30日に発表された。

すなわちある大きさの羽根車に取り付けられた140枚の羽根が，3枚に1枚の割合で破損またはひび割れていた。さらに別のタービンの同じサイズの羽根車についても，4枚の羽根を点検したところ，4枚とも破損またはひび割れが確認されたという。

大破していたタービン動翼

浜岡5号機は，2005年1月に運転を開始したばかりの最新鋭改良型BWR（ABWR，最大電気出力110万kWの沸騰水型原子炉をさらにスケールアップした初の国産品で，138万kW）である。2006年1月16日から初の定期検査を受け，4月14日に営業運転を再開してからわずか2ヵ月しか経っていない。定期検査の際には，タービンを分解して金属製の羽根を1枚ずつ外観検査したが，異常は見られなかったという。

中部電力では原子炉の冷却を待って19日より調査したところ，23日には直列に3台並ぶ低圧タービンのうちの2台目で，羽根1本が根元から折れて「脱落」し，下部に「落下」していることを確認したとして，写真を公表した（図7）。

大破したのは，低圧タービン内に14基ある回転翼（直径5～2.8m）のうち，外側から3番目，大きさも3番目の直径3.6mの羽根車で，羽根は140枚付いている。この羽根車の羽根のサイズは長さ約53cm，幅約12cm，厚さ約3cm，重さは約9kgある。クロム鋼製で羽根の付け根部で破断していた。

付け根部には5本のフォークがあり，それぞれ3本ずつ合計15本のクロム鋼製固定用ピン（長さ14cm，直径12mm）で串刺しにして固定するという構造だ（図8）。そのフォークとピンが，折れたり引き千切られたりしている。そうした羽根がこれまでに31枚も見つかっている。ひび段階のものは20枚くらいあるようだが，ひび割れがどこに生じているのかは明らかにしていない。

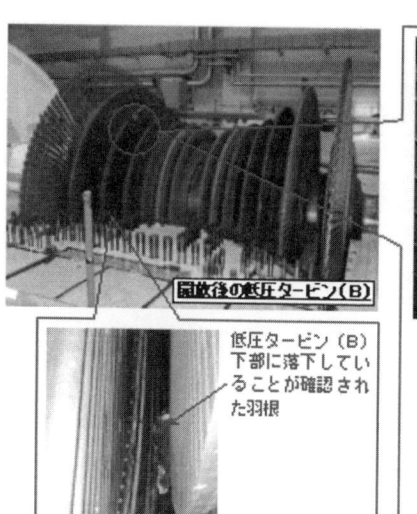

図7 低圧タービン（B）の点検状況

（写真内注釈）
- 事故後の低圧タービン（B）
- 低圧タービン（B）下部に落下していることが確認された羽根
- 損傷箇所
  ・外側から3段目にある羽根車の羽根1本がタービン軸から脱落し、タービン下部に落下していることを確認した。
  ・その周囲の羽根や部材の一部にも、擦り傷やへこみがあることを確認した。
  【3段目の羽根の仕様】
  長さ：約53cm 幅：約12cm 厚さ：約3cm
  材質：クロム鋼
  重さ：約9kg／本
  全本数：140本

「タービンミサイル」の一歩手前！

ところで、タービンで怖いのは、「タービンミサイル」といわれる事故で、もぎ取られた羽根が高速の弾丸と化して、タービンを覆っているカバーを突き破って飛んでいくもの。原発ではないが、国内でも過去に1km先まで飛んだ例があるという。海外では原発のタービンでも例があり、原子炉建屋に飛び込んでたいへんなことになった。

タービンは分速1800回転というから、壊れた羽根車の先端は時速1220kmという超高速で回転していた。音速に近い。付け根から破断した羽根は、重さ9kgもある剛球（剛板？）となってタービンカバーに衝突し、跳ね返って元の羽根車の軸付近に噛み込んで止まったものと思われる。「脱落」「落下」とはほど遠い状況だ。回収された羽根の無残な姿がそれを物語っている（図9）。

羽根車外周で、羽根の先端を数枚ごとにまとめているリング（シュラウドリング）も、引き剥がされて行方不明だ。周辺の羽根やシュラウドリングも損傷しており、「擦り傷やへこみを確認した」と中部電力ホームページにはあるが、なぜかタービンの鉄製カバーの内側については、いっさい触れていない。遠心力で吹き飛んだ羽根などがぶつかったとみられる傷もあった、としている報道もあれば、キズは見つからないという報道もあって混乱してい

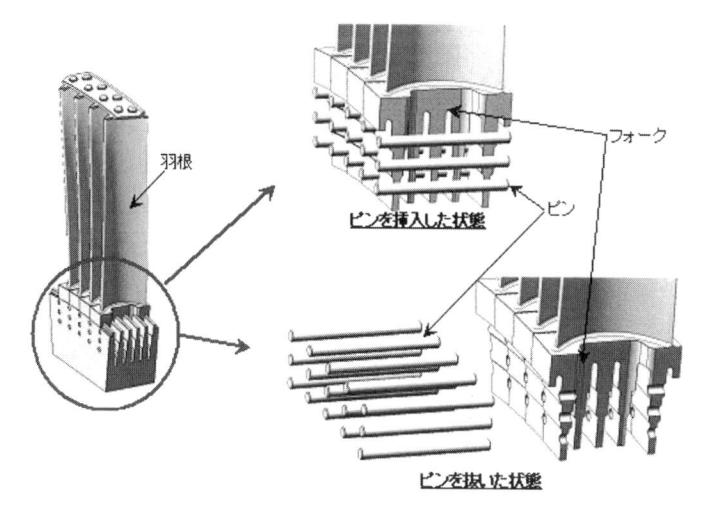

図8 羽根の取付け部の構造

　る。
　未回収の破片もあるし，金属屑や金属粉も生じただろう。それらがどこをどう流れて行ったか，下流で他の翼やタービンのカバーを傷つけているに違いない。微細なキズでも嫌うタービンのこと，全部取り替えずに運転再開はあり得まい。

北陸電力に波及，志賀2号機停止へ

　浜岡5号機のタービンの製造は日立製作所。135万kW級では柏崎刈羽6・7号機が先輩格だが，そのタービンは米GE社製だ。5号機は発電効率を高めるため，一部の羽根の形状を改良した新型の羽根を使用しているという。
　同じタイプは今春運転開始したばかりの北陸電力志賀2号機にも使用されているため，原子力安全・保安院は30日，同機も停止して点検するよう指示，北陸電力は来週中にも運転を停止して詳細検査に入るとしている。全国で一番新しい炉で，耐震性を理由に2006年3月，金沢地裁の運転停止判決を受けた炉である。

設計ミスか，日立製作所が対策本部を設置

　さらに浜岡5号機では，破断が確認されたタービンのみならず，他のタービンの羽根車にも破損が検出されたことから，事故原因は設計ミスの疑いが強くなってきた。日立製作所はすでに30日，原因は設計上の問題と考えられるとして，社内に対策本部を設置したことを明らかにした。
　なお中部電力によれば，タービン羽

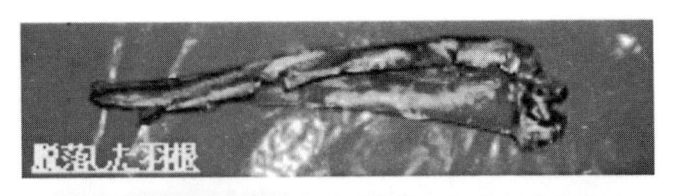

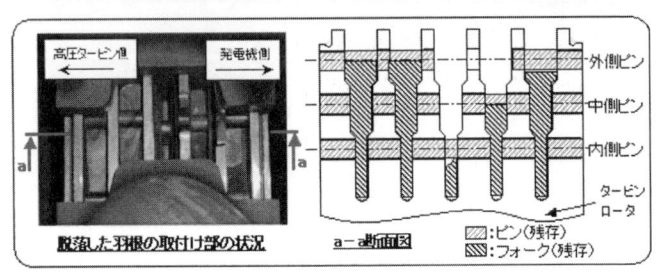

図9 脱落した羽根とその取付け部の状況

根車の車室開放前に行った点検において、3台ある低圧タービンのいずれにも、いちばん外側の最大の羽根車（羽根の長さ約132cm）では異常が見られなかったとしている。それが事実であれば、共振の疑いが強くなってくる。スケールアップや設計変更による共振点の見落としだ。

共振の怖さは、1971年の関西電力海南火力発電所の事故が示している。バランス調整に失敗して試験運転中の蒸気タービンで共振を起こし、タービン軸・発電機軸を破壊、破損部が飛散し翼は最大380m飛んだ上、発電機に封入した水素に引火し、火災も発生した。

原発事故調査も第三者の手で

中部電力は「運用上の問題はないものと思う」などとし、損害賠償の請求も検討しているようだが、前兆現象を見逃すなどの運転管理上の落ち度はなかったかについても、徹底検証する必要があるのではないか。運転記録の入手など、市民は県に対して強く要求している。

原発事故のたびに痛感することだが、鉄道や飛行機事故と異なり、当事者が事故調査に当たる、という悪弊を何とかしてもらいたいものだ。

予期せぬ安心の贈り物、5号機の長期停止

いずれにしても、原因究明に時間を要することは間違いない。また、設計変更となれば新規に製造に入るまでにも時間がかかる。

運転停止期間は相当長期にわたると考えられ、「原発震災」を危惧し、想

定東海地震に向けて事前に浜岡原発全機の運転停止を願う地元住民としては，お粗末な品質管理に対する怒りと共に，予期せぬ安心の贈り物として天に感謝するものである。

【20】何が何でも運転再開か，浜岡原発 (2006/09/22)

浜岡原発5号機のタービン破損事故はいわば，欲が生んだ効率化優先の国産技術が，タービンの翼を吹き飛ばしたもの。応急措置による運転再開など「超危険」でとんでもない。

去る6月15日，低圧タービンの動翼1枚が吹き飛んだため，異常振動で自動停止した浜岡原発5号機について，事故原因の第一報が9月12日，中部電力から発表された。同時に応急処置の検討も報じられている。

しかし，まだまだ原因の解明にはほど遠い中身。原因究明が長期化する恐れから，何が何でも運転再開させようという危険な動き以外の何ものでもない。安易な応急修理で，再び破損を生じさせないとも限らない。また徹底的な解明がなされない限り，同じタイプのもの以外にも第二，第三の事故が進行しているのではという不安も抑えきれない。

2006年度末まで約10カ月間運転停止した場合の損失云々についても，およそ1000億円という数字が経済紙，経済欄に踊るが，一連の不祥事や点検停止の際には1年以上にわたる運転停止も少なくない。原発はいったん事故で停止すれば長期にわたるものなのだ。今回だけ長期停止を云々するのはおかしい。

何でも製造元日立への損害賠償金が膨れ上がるからということらしいが，事故を起こしたタービンは国の審査を通過している以上，国の責任も免れないし，また定期検査で異常を検出できなかった運転管理者中部電力にも責任がある。

以下に単なる現象のみではない，根本原因に少しでも迫るよう，問題点を掘り下げてみたい。

動翼の付け根部に大量のひび・破損

今回の事故は，国内最新鋭，最大の原子力発電用蒸気タービン浜岡5号機と北陸電力志賀2号機で起きた。

浜岡では，羽根（とくにことわらない限り動翼のこと。以下，翼）1枚が吹き飛んだ低圧タービン内の羽根車と同一サイズの羽根車6台総数840枚の翼のうち，じつに663枚（約8割）に，目では見えないほどのひびを含めて異

常が検出された。そのうち163枚は破断・破損していたという惨憺たる状況である。

志賀2号機についてもやはり同じサイズの羽根車6台の羽根から，3分の1にあたる258枚にひび割れが検出され，うち2枚は一部破断していたことが判明している。営業運転開始から100日あまりしかたたない志賀2号機でも亀裂が進行していたということは，約1年間の試験運転中にひびが生じ，進展した可能性を示唆する。なお両原発とも，今のところ他のサイズの羽根車には異常は検出されていないという。

浜岡原発では，吹き飛んだ翼が周囲を傷つけ，そのため生じた金属片は約20kg，そのうち5kgほどがタービン内では回収できず，配管を通って流出してしまったものと考えられ，下流の機器・配管を捜索中とのことである。

ひび・破損が生じたのは，翼の取り付け部，根元である。1分間に1800回転という高速回転でダウンしたのだ。

浜岡5号機は沸騰水型（BWR）を改良したABWRとして，110万kW級の3号機を25％ほどアップした大出力だ。このタイプは全国に4機あるのみで，日本以外にはまだない。先行2機は柏崎刈羽6・7号機だが，タービンは米GE社製で対象外とされている。

ひび・破損は第12段に集中

原子炉で作られた蒸気の流れを追ってみると，まず高圧タービンの中央から入り，左右に分かれて第1段から第7段まで羽根車を回転させながらそのエネルギーを減じていく。高圧タービンを出た蒸気は3分割されてそれぞれ低圧タービン3台の中央に流入する。低圧タービン内ではやはり左右に分かれて，第8段から第14段まで7段階の羽根車を回転させたのち，出口からそれぞれ3台の復水器へ向かい，そこで凝縮（液化）され原子炉へと戻っていく。3台の低圧タービンは，高圧タービンと1本の回転軸（タービンロータ）で連結され1台の発電機を回す（図10）。

タービン内は，蒸気のエネルギーが落ちるに従ってさらに断面（体積）を拡大しつつ減圧され，高圧タービン入口で70気圧あった蒸気は復水器ではほとんどゼロ気圧（真空状態）となる。

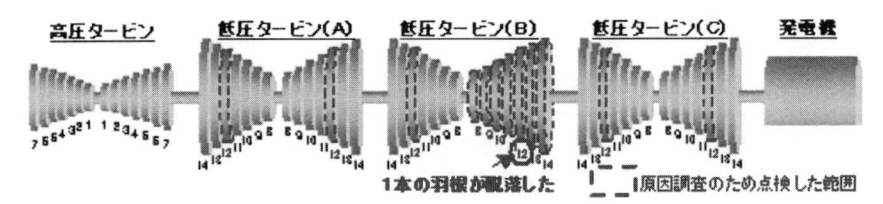

図10　タービン開放点検状況

第3章　事故編

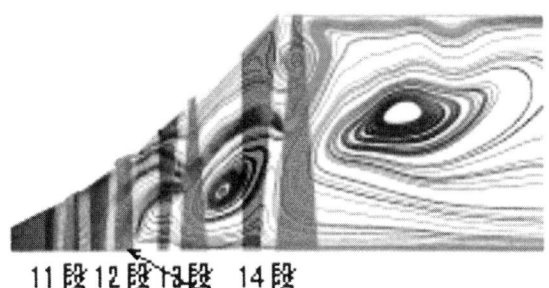

11段 12段 13段　14段

渦流域の開始点

図11　ランダム振動
原因は設計ミス。11・12段は設計上ランダム振動を考慮していなかった，と報告。13・14段は設計上ランダム振動を考慮。

　断面の拡大にともなって羽根車は拡大化するから，下流に行くに従って羽根車の翼は巨大化する。ABWRでは25％の出力アップにともない，さらにタービンは大型化された。最終段である第14段の翼が最大で長さ約132cmとある。日立としては浜岡5号機がはじめての経験であったようだ。火力発電では回転数が3600回／分と原発の2倍であるが，羽根車のサイズは半分となっている。

　しかし破損したのは最大翼ではなくて，3番目に大きい第12段の羽根車，外から3段目だ。なぜここだけに集中したのか。他の羽根車は本当に大丈夫なのか。

　中部電力の調査結果によれば，ひび・破損の原因は，高サイクル疲労だという。破面の観察による結論だ。金属疲労での高サイクルとは，累積1万回〜10万回ほどの繰り返しをいう。

試験運転期間中の振動が原因

　そのような振動が発生した原因として，中部電力ではランダム振動とフラッシュバック現象の2つに絞り込んだとしている。ランダム振動とは，蒸気の流れが乱れて渦が生じ，渦の動きにともなって振動するもの。当然設計時点で考慮していて，13段・14段については対策を施していたが，今回解析してみたら，大型化したため浜岡5号機では12段にまで及ぶことがわかった（図11）。実機試験も13段・14段しか行っていなかった。考えが及ばなかったということらしい。

　このような乱れが生じるのは，発電機を起動する前（無負荷）と起動してまもなくの低負荷状態においてであり，したがって発電機を停止する際にも起こる。中部電力の公表した運転履歴に

よれば，1年間の試験運転期間中に19回の起動・停止を繰り返したため，38回のランダム振動を経験している。

営業運転開始後は事故で自動停止するまでにさらに3回の起動または停止があり，浜岡5号機のランダム振動は合計44回となる。志賀2号機については未発表だが，仮に試験運転期間中の回数が同数だとすればトータル39回で，浜岡5号の9割をすでに経験したことになる。

今回の解析結果は，5％の低負荷時にランダム振動が起こることを示しているが，数値解析で判明する程度のことをなぜ手を抜いたのか。理解に苦しむ。もちろん実機試験も行うのが当然というものだ。

聞くところによると，タービンのような複雑な回転体は，相互作用のため，1台の羽根車で試験をするのみでは不十分で，全体を組み合わせて（すなわち左右に7段ずつ計14段）回転試験を行う必要があるという。それも長時間の連続試験運転と，起動・停止の繰り返し試験が必要だろう。

フラッシュバック現象というのも，急激な発電停止（負荷遮断）の際に発生する振動らしい。こちらも中部電力の運転暦によれば試験運転期間中に14回の試験を実施している。

何のことはない，いずれも試験運転が破損をもたらしたようなもので，何のための試験なのかわからない。

そこかしこに**設計変更**

少なくともランダム振動は周知の事実であり，また翼付け根部に破損が生じることもよく知られていたはずだ。というのも，すでに過去にそうした事故例があるからだ。1981年には美浜1号機で共振による翼の飛散事故（振動警報により手動停止）があったが，やはり付け根部で千切れていた。

実際に付け根部にはさまざまな工夫がなされていて，メーカーによってタイプも異なる。浜岡5号機では，8段から11段までは鞍型であるが，破損した12段から14段までをフォーク型に変えている。

他にも翼の形状，ひねり等々タービンの設計には多種多様な工夫が見られる。各段の羽根車の手前には，流れを整えるための静翼をそれぞれ配置している。静翼は回転しないが，浜岡5号機ではここでも大きな設計変更がなされていた。安全性を高めるためではなく，効率を高めるためである。

こうした昨今の設計変更は効率化に偏っていなかったか。最大の効率化はスケールアップであるが，安易なスケールアップは思わぬところでバランスを崩し新たな不安材料をもたらす。とくに回転体では共振点がずれてしまう。

解析ですべて予測できるとは限らず，それを補うのが試験運転であるのに，解析も不十分，試験も不十分では，起

こるべくして起こったと言わざるを得ない。

不十分なものづくり，その理由は何であろうか。驕りか，納期の短縮か，それとも……。そこまで掘り下げた事故原因の究明がなされなければならない。

翼の付け根部は点検していなかった

中部電力の運転管理についても疑問が残る。試験運転後，どのような検査を実施したのか。ランダム振動を想定した根元部の検査は行ったのか。初回の定期検査は，通常の何倍も慎重になされたのか。

だが破損した羽根車の付け根部について，翼を取りはずしての分解点検は行ったことがない，将来も予定していなかったという。フォーク型では溝に埋め込まれているため，フォークを取りはずさない限り付け根部は見えないし点検もできない。1本のピンを取りはずすだけで30分，1段の羽根車の翼をすべて抜くには1週間くらいかかると言っていた。組み立ても同様に手間ひまがかかるとのことだ。

したがって原発では，翼を付け根からはずして点検することは，定期検査中はおろか供用期間中にも予定していないのだそうだ。東京電力によれば，たまに取り替えを要する翼が出た際に，はずされた根元部を見ることによって，異常がないことを確認してきたという。

中部電力では，この際，一部定期検査の方法を変えることを検討中としているが，当然であろう。

長期化する復旧，応急処置は「超危険」

複雑なシステムほど，細分化されている。それだけではなく，フィードバックができないシステムになっている。設計においても，上流から与えられた条件を疑うことなく，その前提条件の下で自らの課題をこなすだけだ。

原発は複雑なシステムの最たるもの。原子炉周辺技術にはそのような見落としはない，と言えるだろうか。ABWR型は国産技術開発による初の原子炉である。タービンでの失敗は，原子炉への警告と受け止めるべきだろう。

巨大化したタービンの構造に思い至れば，応急処置が許されるものでないことは言うまでもない。共振点の洗い出しをはじめ，徹底的に原因究明を成し遂げ，複雑なタービンのすみずみにまで気配りをして設計変更を実現しなければならない。量産のされていない大型タービンのこと，一からやり直し，型を造り，製造し，試験を重ねて，無事運転再開にこぎ着けるまでには最短でも2～3年を要するだろう。原因究明に難航すればさらに時間がかかる。

そんなことが見えてきたためか，中部電力では応急修理として，第12段の翼をすべてはずして金属製の整流板を設置する，などという危険な対策で

年度内運転再開をはかろうとしている。設計変更した新たなタービンが完成するまで、そんな片肺運転を続けようというのだ。とんでもない発想だ。配管に流出した金属片も危険な存在だ。重要な弁などに噛み込んでいないだろうか。

そもそも欲張りすぎたのである。欲張り爺婆の昔話が、繰り返し教えてくれたことなのに。

〈追記〉結局、このタービンは製造元日立の設計変更を経て新たに製造され、2010年に取り替えられた。

【21】動き出した美浜原発、29カ月ぶり (2007/01/19)

11人死傷という国内原発史上最大の犠牲者を出した、関西電力美浜原発3号機。福井県警が今月中（2007年1月）にも関係者を書類送検か、という報道の流れる中、関西電力は1月10日、営業運転再開に向けて3号機を起動した。

だが、その背景にはきわめて危険な流れが……。

2004年8月の事故、原因は点検漏れ

事故は2004年8月、タービンを回した10気圧140℃の蒸気が、直径56cm、肉厚10mmという炭素鋼製配管を破裂させて噴出、配管を循環していた蒸気・熱水の8割約885tが一瞬にして失われた。

あわやスリーマイル島の再現か、という危機的状況は回避されたものの、5日後に迫った定期検査の準備をしていた作業員を直撃し、5人死亡、6人が重傷（1人を除き今なお療養中）を負った。それは1986年12月、4人の犠牲者を出した米国サリー原発の配管破断事故の再現だった。「日本ではありえぬミス、米サリー原子力事故、ずさんな水質管理」（原子力産業新聞1987年3月1日）とあるように、当時の資源エネルギー庁は「わが国の原子力プラントでは電力会社が自主的に肉厚測定を行なっており、特段の対策を改めて行なう必要はないとみている」としていた。

破れたのは、どちらも厚さ1cmもある炭素鋼。それがわずか1mm程度まですり減っていたのに、検出できなかったのである。およそ減肉しやすい箇所は判明していて、そうしたポイントを選んで肉厚を測定し、簡単な計算により減肉率から余寿命を判断する。ところが美浜で破裂した箇所の場合、運転開始から28年間、一度も検査されたことがなかった。点検リストから漏

れていたのだ。サリー原発事故の際にも見直されることはなかった。

原発で稀な刑事事件扱いに

点検漏れの理由について，関西電力と検査会社では言い分が異なる。とくに事故直後，関西電力の説明は二転三転した。後になって，事故1カ月前の7月はじめに，同社大飯原発で必要肉厚を割る例および点検漏れが顕在化し，本社から各原発に点検指示が出されたことが判明。関西電力によれば，事故の5〜6日前には当該破裂箇所のリスト漏れを認識したものの，「8月14日開始の定期検査で点検」と計画されていたため，余寿命の試算すらしなかった。そして定期検査5日前に，命尽きたのだ。

また，不幸にして作業員が現場にいたのも，定期検査間近のため，その準備に取り掛からせていたもの。安全に運転停止してから人を入れるという労働安全の意識は欠如していた。当日準備作業に携わっていたのは221名，ただし3時の休憩時であったので，事故に遭遇したのはその約半数104名ですんだ。時間が前後していたら大惨事になっていたかもしれない。また2次系配管（関西電力の原発は加圧水型（PWR）で，原子炉で発生した蒸気が直接タービンを回すわけではない）であったため，深刻な被曝をともなわなかったのは，不幸中の幸いであった。

ともかく犠牲者が出たため刑事事件となった。そもそも県警が原発事故の捜査に入るということは滅多にない。原発では，およそ事故を起こした当事者が，原因・対策すべて自ら調査・報告し，国がそれを追認する。だが，サリー原発事故の際の対応について上に見たとおり，規制当局も「同罪」と言っていい。県警に過大な期待はできないが，それでも電力会社自身による捜査よりははるかに常識的に行うだろう。

「事故の約1か月前に耐用年数が過ぎた可能性があることを知りながら，点検を先送りした責任を問い，当時の関西電力若狭支社長を含む約10人を業務上過失致死傷容疑で，書類送検する方針を固めた」（毎日新聞）と報道されている。

事故を契機に検査制度改悪の動き

ずさんな管理が横行した根本原因は，もちろん経済性追求，すなわち稼働率のアップである。事故は稼働率を90％に引き上げた矢先に起きた。それはしかし，関西電力だけのことではない。現在国を挙げて「定期検査期間の短縮＋定期検査間隔の延長」をめざして検査制度の合理化＝改悪が図られている。そうして美浜3号機も今後さらに30年も運転を続けさせようとしているのだ。

国の「検査のあり方検討会」は，「美浜3号機事故の教訓を踏まえ，高経年化（＝老朽化，筆者注）対策を充実

させるため」と称して，事故前年の2003年10月に改訂したばかりの検査制度をさらに「改善」しようとしている。それは，定期検査中の「過剰保全」を減らし，運転中の監視と検査を増やすこと。それにより現行の「13カ月に1回」という定期検査の義務を廃止し，最大24カ月の連続運転まで可能にしようとする。その時期については，プラントごとに電力会社が立てる（保全プログラム）。めざすは米国並みの90％の稼働率である。

この事故を，徹底して合理化に利用しようというわけだ。事故原因が老朽化にあるとする状況判断は正しいが，その対策はまるで反対向きだ。原発は巨大なシステムだ。減肉検査ひとつとっても生易しい数ではない。1プラントあたり3000～4000カ所もある，といえばわかってもらえるだろうか。なおかつ，どこを，どのような頻度で検査するか，十分な知見はないし，事前の防止策も満足ではない。

■ 再起動をなぜ急いだのか

「1人でも遺族の了解が得られなければ再起動はしない」という社長自身の約束を反故にした背景には，もうひとつ忘れてはならないベクトルがある。

1999年の英国製不正MOX燃料搬入以来ストップ状態のプルサーマルを進めるために，福井県の意向として美浜3号機の運転再開が前提条件になっているのだ。六ヶ所再処理工場の本格稼動を目前に，"西の横綱"関西電力のプルサーマル開始を必須とする「天の声」が聞こえたのだろう。

だが，1月10日の起動は，1時間で達するはずの臨界に失敗し，やり直した。臨界を制御するためのホウ素濃度の計算間違いだという。あまり聞いたことのないお粗末な，しかし重大なミスであり，品質管理に問題を抱える関西電力の，前途多難を象徴する滑り出しであった。

【22】原発で国内初？の臨界事故，大臣が停止を命令 (2007/03/18)

「止める」「冷やす」「閉じ込める」は，原発の事故防止と事故拡大防止の鉄則である。とりわけ「止める」については，原発を推進する側は，いつも何の疑問も抱かずに全幅の信頼を寄せてきた。

ところが，「止める」を左右するコントロール（制御）不能事故が相次いでいる。いや，正確に言えば事故の「公表」が相次いでいる，というべきか。BWR原発で，制御に関わる事故を隠していたと，今頃になって電力会

社が「公表」しはじめたのである。

8年前の臨界事故発覚

発端は、3月になって東京電力、東北電力が、過去のスクラム停止事故（原子炉が異常を検知して自動停止する事故）を隠していた、と明らかにしたことである。東京電力、東北電力で過去に起きた事故の実態はまだ不透明だが、このタイプの原子炉（BWR）が、停止時に不安定になることが公になった。

そんな中、こんどは逆の、発進事故が明らかになった。北陸電力が志賀原発の制御棒（ブレーキ）落下事故を公表したのだ。停止中の車が突然坂道を転がり出したようなものだ。まったく想定外の事態である。原発を設計した誰もが、制御棒が一度に複数本落下することなど想定していない。想定は、たった1本だけ、15cmの落下である。

しかもこうした場合、自動的に緊急停止がかかるはずなのに、何となかなか止まらず、15分間も走り続けた。すなわち、
①定期検査中で2カ月も運転停止していた炉が、突然「起動」
②自動「停止」機能が働かず、手動でようやく15分後に「停止」
と、深刻な異常事態2つが重なった重大事故である。

ところが現場では、その原因調査もうやむやに、事故を葬り去って隠し通してきたという。また北陸電力の経営陣は、この事故を知らされていなかったとしている。経営陣が知って隠ぺいしていたら事態は重大だ。しかし、経営陣に報告が来ていないというのも、空恐ろしい事態である。そんな企業に、原子炉の運転資格があるだろうか。どっちに転んでも経営陣の責任は免れまい。即刻退陣すべきではないか。

引き抜かれた「伝家の宝刀」　大臣が運転停止を命令

隠されてきた事故は8年前、1999年に起きた。この事故の発覚を受けて、稼働中の原子炉の運転停止を命じる権限のある経済産業大臣が、すぐに運転停止を命じた。使われることのない「伝家の宝刀」が抜かれた。法令違反があったわけではない。まず止めて安全確認しろ、という指令だ。8年も経っていたのだが、現在に影響を及ぼしていないか即刻止めて調べろ、と市民がいつも発する要求を、めずらしく大臣自らが、市民より先に発した。新聞各紙が一面トップ見出しにするほどの重さだ。

だがこの重さについても、マスコミの受け止め方は鈍い。東京電力の不正にしろ、他の事故にしろ、法令違反にもとづくか、もしくは大臣が発令する前に電力会社が先手を打って原子炉を止めてしまう、というのがおよそこれまでの「慣わし」だった。それとは異なる今回の停止命令。隠し通したとい

うことも，それだけ重大な事故であったことを物語っている。

じつは，今回の一連の不正発覚の影で，六ヶ所再処理工場でも重大な臨界事故防止に関わる違反が起きている（3月11日）。だが再処理工場については大臣も鈍い。北陸電力も再処理工場も，臨界管理上の重大な事故例だ。メディアはどちらにもしっかりスポットライトを当てておいてほしい。

った，安全性には影響ない，小さな事故だ，といつも繰り返される常套句。だがヒヤリ・ハットを指摘するハインリッヒの法則（大事故・大災害1件の裏には，29件の軽微な事故・災害，さらに300件のヒヤリ・ハット＝事故には至らなかったもののヒヤリとした，ハッとした事例があるとする）に言うとおり，こんなに事故が多いと，いつか大事故にと本当に背筋が寒くなる。

ハインリッヒの法則

事故のたび，止まったのだからよか

【23】世にも恐ろしい「欠陥ブレーキ」沸騰水型原発 (2007/03/23)

原子炉停止中の制御棒抜け落ちは，やはり何度も再発していた。人為ミスというが，繰り返すようなら構造的欠陥があるに違いない。マニュアルの徹底で事足れり，とするのは大きな間違いだ。

浜岡原発が先だった

1999年の北陸電力志賀1号機の臨界事故は，あってはならない制御棒（ブレーキ）複数脱落により生じた。アクセルとブレーキを踏み間違えたようなものだ。ただし，原子炉のブレーキは多数本ある。志賀1号機では89本，そのうち3本が抜け落ちて突然走り出し15分間走り続けた……。

それは，国内初といわれたJCO臨界事故（1999年9月）の3カ月前であった。だが2007年3月15日，8年間隠されてきたことが公表され，即，経済産業大臣により運転停止された。

翌16日，中部電力が，北陸電力にはるか先立つ1991年5月31日に，浜岡原発3号機で制御棒の複数脱落という同様の事態に陥っていたことを，こっそりと原子力安全・保安院に連絡した。だが，公表したのはなぜか週明けの19日だ。

中部電力のホームページ上での発表

は「志賀原子力発電所1号機で発生した事象に関連し、平成3年5月に浜岡原子力発電所3号機で経験した制御棒引き抜き事象について、情報共有を目的にニューシア（原子力施設情報公開ライブラリー）に登録しましたので、お知らせします」となっている。同時に名古屋本社や静岡県庁で記者会見を行ったのだが、その前に、なんと静岡地裁で社員が証言するというドラマのような展開があった。

あわや偽証罪!?　静岡地裁で「告白」

19日は市民団体「浜岡原発とめます本訴の会」が提訴している浜岡原発運転差止訴訟の最終段階で、証人尋問の第9期日、3人の被告側証人に対する反対尋問が行われた。

午前の証人は中部電力社員で、主尋問で原発はいかに手厚い防護機能が施されているか、いかに管理が徹底しているか等々について証言していたので、原告側は過去の事故や不正について尋問した。とくに、他に隠していることはないか、北陸電力のようなことはないかについては重ねて聞いた。だが社員証人は「現在調査中」「重大なものがあればその都度発表する」といった回答に終始していた。

長い反対尋問が終わると、被告側弁護士が補足の主尋問として、いきなり「本日発表する予定の平成4年のマニュアル変更」を取り上げた。変更の理由は、との問いに証人は「平成3年の定期検査中に、3号機で3本の制御棒が引き抜き状態になりました」と口を切り、プレス発表と同内容の証言を続けた。「臨界は発生しておらず、原子炉の緊急停止機能も確保されておりました。また、その原因究明と対策を確実に実施しております」ので同じことは起こり得ないし、安全上の問題はなかったので報告対象ではなく、隠したことにはならないと。

その瞬間、法廷内はどよめき騒然となった。直ちに原告側は追加の反対尋問を求めて「証人はいつ知ったか。なぜ先のような証言しかしなかったのか」等問い詰めたが、証人は16日に知ったとしつつ、同じ回答を繰り返すばかりであった。情報共有の必要性については、国へは報告していないが、他の電力会社に情報提供したというものの、具体的には何も示せない。

じつは過去に多発していた

その後、中部電力のみならず続々と「体験」が公表され、繰り返し再発していたことが判明した。同日には東北電力が、翌20日には東京電力が福島と新潟で、それぞれ「体験」していたことをプレス発表した。両社は、勝手に複数本の制御棒が入ってしまうという、まったく反対の事態にも遭遇したことを同時に明らかにした。

この1週間で、志賀1号機臨界事故

（1999年6月18日）の前に，女川1号機（1988年7月9日）と浜岡3号機（1991年5月31日），福島第二3号機（1993年6月15日）が，後には柏崎刈羽1号機（2000年4月7日）と，計5件が明らかになった。そのほかに柏崎刈羽3号機で昨年（2006年5月13日）1本が抜け落ちはじめたが，直ちに警報が発生し再挿入したケースがある。この最後のケース以外はすべて未公表で，東京電力によれば，過去，社内ですら経験が共有されていなかった時期もあるという。

ここで奇妙なのは規制当局である保安院の対応である。志賀原発以外は報告も求めていない。「停止期間中にこのようなことが決して生じることのないよう，十分に防護対策を講ずるよう」同じBWR型原子炉をもつ電力会社に注意喚起を行っただけである。臨界には達しなかったというものの，全幅の信頼を寄せてきた制御棒の安全性が揺らいだのである。納得できるものではない。

19日には早くも「同様の事象が発生しないような試験管理手順が定められていることを確認しました」と涼しい顔。特異ケースから学ぶ姿勢がまるでない。

保安院，「欠陥ブレーキ」の認識なし

保安院は原因を人為ミスにとどめたいらしく，弁等の操作手順の問題に帰して終わりとしているが，ここに大きな問題がある。定期検査中（運転停止中）は通常炉内に燃料が装荷されたまま。したがって制御棒はすべて挿入されている。それが抜かれるのはスクラムテスト（緊急挿入時間の確認試験）のときくらいだが，その場合でも1本ずつしか動かさないし，2本以上動かせないようになっていると，私たちはたびたび聞かされてきた。すなわち，制御棒は，テストされる1本以外は，すべておとなしく挿し込まれたままになっていなければならない。ところが，操作ミスにより勝手に制御棒が抜け落ちたり，複数本の制御棒が同時に引き抜き状態になり得る，ということが判明したのだ。

弁の手動操作によって，いとも簡単にそうした状態をつくれるとしたら，それは設計・構造上の不備ではないのか。恣意的に核暴走事故を起こすことすら可能ではないか。とすれば，これは安全に影響しないわけはなく，保安院や電力会社の判断は明らかにおかしい。

臨界は紙一重

まず，抜け落ちた複数本がたまたま隣接していたために，志賀原発は臨界に達した。浜岡原発と女川原発は相互に離れていたので幸い臨界にはならなかった，というだけのことである。東京電力では，未報告であった2例は隣

り合う2本であったから，燃料や炉の状態によっては「臨界事故になり得た」ことを認めている。志賀1号機では，隣接していた上，周囲の燃料が比較的新しかったため，臨界に達してしまったらしい。まさに紙一重であった。3本抜けたのは浜岡原発と志賀原発のみ。あとはみな2本とのことである。

なお制御「棒」とはいっても，断面が十字型のほぼ4mもある長い板である（図3・4参照）。長さ方向に25段に分割されており，一挙に全長が抜け落ちることはないように，ボールペンのノッチのような落下防止の仕掛けがある。1段が約15cmだ。臨界への分かれ道は，抜け落ちた本数だけではなく，全長のうちどの長さまで抜けたかにもよる。

ところが，じつは過去のどのケースについても，最大150cmほどが抜け落ちていた。志賀原発では，落下防止のツメがはずれたままになっていた可能性がある，と読売新聞が指摘している。万一ツメがはずれるような欠陥があるとしたら，浜岡原発のように大地震の襲来が予測されている原発では，仮に揺れを検知して緊急停止したとしても，危険ではないか。再臨界，核暴走への引き金が引かれることを意味する。

BWRを全機停止し，根本的原因究明と対策を

中部電力の言うような電力会社間の情報共有がなかったことは，すでに続々と報道されている。多発の事実こそ，その証拠と言える。だがそれだけではない。昨年（2006年）の柏崎刈羽原発のケースは，手順を徹底した後で発生している。発生事実の公表はしたものの，その後の続報が見当たらない。いったい原因は何だったのか。

炉の安全上問題にならないという主張は，最新型4機のABWR（タービン大破事故を起こした浜岡5号機のタイプ）では構造的な改善がなされていることからも，首肯できない。ABWR型では水圧駆動だけではなく，電動駆動も備えている。保安院の注意喚起も，これら4機は除外している。

19日には，原子力安全委員会が開催され，原子力委員会も臨時会議をもった。大臣の運転停止指示も，今に繋がる「安全対策の総点検」のためであった。いずれも異例のことである。

この際，対症療法で済ませることなく，徹底的な原因究明を要求したい。経産大臣には，乗用車の欠陥ブレーキ問題と同様，リコール＝全BWR原発32機の停止を求める。

第4章
柏崎刈羽原発の「震災」

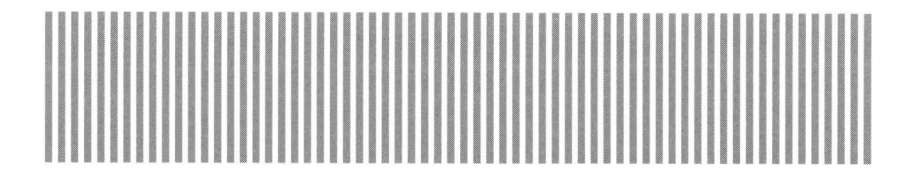

2007年7月16日，新潟県中越沖地震が発生。世界一の規模を誇る原発の集中立地，東京電力柏崎刈羽原子力発電所の7機はすべて，運転中も停止中も関係なくことごとく被害を受けた。わが国はもちろん世界でもはじめて原発が地震で大きなダメージを受けた。にわかに現実味を帯びてくる原発震災への危惧。すべて廃炉に！という声の中，東京電力は3年半余をかけて4機を営業再開。
その間の紆余曲折および史上初の原発の「震災」がもたらした各方面への影響を語る。

【24】柏崎刈羽原発，地震で火災，待たれる情報発表 (2007/07/17)

7月16日（2007年）午前10時13分に発生した新潟県中越沖地震の速報からまもなく，東京電力柏崎刈羽原子力発電所から黒煙がもくもく上がる映像が流れ，やがて炎が見えてきた。

震源は柏崎刈羽原発の目の前で，まさに直撃。火災現場や各プラントの状況，地震観測のデータなど一刻も早い発表が待たれる。地震だけでもショックが大きいのに，周辺の方々には現実に原発への心配が加わる。心からお見舞い申し上げたい。といっても，被災地では実際のところ報道など見ていられないかもしれないが。

被災地唯一の火災

火災の映像が流れはじめたのは，まだ確認できていないが，地震発生から多少時間がたっていた模様だ。10時34分にマグニチュード4.2，10時52分にはマグニチュード3.7の余震が起きているので，地震をきっかけに配管の亀裂もしくは弁などからの油漏れが生じ，いずれかの余震による火花で引火したのではないかと推定される（その後，東京電力に聞いたところによれば本震で引火したものとのこと）。鎮火は正午12時10分頃，消防署により確認されたそうだ。

ところで当初，柏崎刈羽原発については火災にのみ関心が集中した。原子炉が自動停止したということ以外，内部がどうなっているかの言及がまったくないことがとても気になった。唯一天井が落ちたが，けが人はいなかった，ということをNHKのニュースで聞いたが，それきりだった。

午後になってようやく東京電力のホームページに，通り一遍の「現在，各プラントの状況について，調査を実施しております」という発表が出たが，夜になってもあいかわらずそれだけだ。夜のテレビのニュースでは，棚が倒れたりガラスが壊れて4人が怪我したことがわかったのみ。

テレビの映像では，黒煙に炎とあまりにもリアルだった。被災地のどこからも火災が出ていないのと対照的であった。

放射能漏れの有無については再三報道され，昼頃には政府の「放射能漏れについては確認されていない」の発表も出はじめたがほんとうだろうか（夜遅くなって，放射能を含む水が海に漏れたというニュースが入ってきた）。

「原発周辺の避難の必要性」を検討

「原発周辺の避難の必要性はないものと判断した」という新潟県の発表もやっと午後1時過ぎにあった。だが，

それはそれで恐ろしいことで，具体的に地震時に原発についてそういうことを検討した初のケースとなったに違いない。

　ヘリコプターからの映像には，サイト内にまるで人気がなく，いつ見ても火災現場で消火に取り組む模様が見受けられないので，ドキリとさせられた。なぜなら，大きな事故でも起きて，被曝を避けるために作業員は皆避難，なんてこともちらと頭をよぎったからだ。もっともそんな場合は，車で避難する様子が上から丸見えになるだろう。

　震源は柏崎刈羽原発の目の前で，まさに直撃という感じだ。直線距離で9kmほど。震源が深い（早い段階で第一報10kmが17kmに訂正）のがせめてもの救いであった。いったいどのような地震動が観測されたのか，一刻も早い発表が待たれる。

　火災が起きた3号機は，プルサーマル用MOX燃料を，未使用のまま使用済み核燃料プールに抱えている。東京電力自らの不正事件によって，地元了解が白紙撤回されているからである。

【25】やっぱりもたなかった柏崎刈羽原発！
わずかマグニチュード6.8の中規模地震で！　(2007/07/19)

　全国，いや世界中に送られた黒煙を上げて燃え続ける映像，そんな中で柏崎市に住む知人から届いたメール「それとR-DANは平常値です」——この一言が，いかに安心をもたらしてくれたことか。ちなみにR-DAN（アール・ダン）とは，住民が自衛のために用意している放射線測定器のこと。

中はパニック状態!?

　う〜ん，どこから手を付けたらいいものか，まったく惨憺たるありさま。報道された次の二人の言葉が象徴的だ。

　「非常時で少人数でいろんな所の点検をしていたので（報告に）遅れも出たのだろうと思う」（東京電力勝俣社長）

　→あちこちで異常が生じたということ（けたたましい警報だけでも冷静でいられるわけがない！）。

　「頭の中ではわかっていても，実際にいろいろなことが同時に起こるとパニックになってしまうんだと思いますが，そんな中でも冷静にやるべきことを常時しっかりトレーニングしておかなければいけない」（甘利経産相）

　そう，地震が発生した16日の午前，原発内は外の火災どころではなく，パニックになっていたのだろう。後でわかった揺れの強さから想定すると，3階あたりに位置する運転制御室などは，

107

地表並みの揺れに襲われた可能性がある。原発は地表のように揺れることはないと思い込まされてきた人々は動転しただろう。

「大丈夫」というウソこそ危険

まず、予測していない事態に、人は対応できない。「大丈夫」というウソこそ危険だ。地震で事故・故障は起こらないとして、国も電力会社も、原発の過酷事故対策から、地震を原因とするケースをまったく除外してきた。しかし、地震は同時多発で事故・故障を生じさせる。このことが明瞭に示されたこと、これが最大の教訓である。

ようやく17日、17時現在の被害状況をまとめた「一覧表」を東京電力がプレス発表したのを見て、みな仰天した。1〜7号機合わせて被害は50件、それらのうちの幾例かは、すでにさまざまに取材され、詳しく報道されて、さらに世の中を驚かせている。しかし、ほとんどの情報はいまだに詳細が不明で、数値もほとんど出ていない。これらの中には、徐々に被害状況が大きくなっていくものがあることにいずれ気が付くだろう。

16日の時点で、6号機から放射能を含む排水が海水に放出されたことが公表されたが、ほどなく計算間違いとして1.5倍に修正された。これは17日の一覧表に、7機すべてで「水漏れを確認」としてあるが、原子炉建屋の3〜4階に位置する使用済み核燃料貯蔵プールから放射能を含んだ冷却水（50度以下のお湯）が飛び散って、最終的に海へ放出されてしまったものだ。1・2・3号機については、運転上の制限値を逸脱するほどの水位（通常は水深15mほど）の低下があったことが、16日18時30分現在の状況として公表された。

そのほか放射能漏れあり、放射性廃棄物を入れたドラム缶の転倒や破損あり、配管やタンクの破損・変形により水漏れ・油漏れあり、電源喪失（停電）あり、事務本館はヒビ、ガラス破損多数、構内には液状化あり、道路に亀裂・段差あり、護岸沈下あり……。

すぐには点検もできない放射線との闘い

しかし、怖いのはまだまだ隠れている所。すなわち原子力発電所というのは、運転を止めてもすぐ中には入れない部分があるのだ。

それこそが放射能を溜め込み閉じ込める核心部で、原子炉運転中は火災を起こさないよう空気の代わりに窒素を充填し、万が一にも放射能を漏らさないよう、剛鉄の「格納容器」と呼ばれる密閉容器（カプセル）で包まれた、その内部なのである。中央には原子炉を配置し、280度くらいの高温に維持された蒸気（冷却水）が通る太い配管が所狭しと走り、熱気だけでも人の入れる場所ではない。

運転停止後でも，もちろん放射線が高いために勝手に出入りはできない。2日ほど待ってから，ようやく空気に置換した中に人を入れるから，点検はそれからである。なお残る熱気と高レベルの放射線の下，許容されるわずかの時間内の交代作業で，十分な検査ができるわけがない。

万一，どこかの配管が破れていたらどうだろう。放射線量は一段と高くなり，一人当たりの作業時間はさらに短縮される。原子力事故では，つねにとんでもない高線量との闘いを覚悟しなければならないのである。

このように特別隠すつもりなどなくても，肝心の格納容器内は，健全な各種センサー・計測器でモニターする範囲でしか，異常の有無は把握できていない。まして微細な傷などいったいどれだけたったら点検し終わるのか，それまでにいかに大量の被曝を必要とすることか……。

同時多発の事故

地震地帯に集中立地，やってはならないことを強行してきたツケだ。地震でなければ，7機すべてが同時にたおれるということはまずないだろう。地震でなければ，こうした苛酷な点検のための被曝作業を請け負ってくれる作業員を確保することも何とかできるかもしれない。しかし，自ら地震で被災している地で，あるいは自分は無傷でも身内や知人に被災者を抱えている中で，いったい通常の点検の何倍もの人数を，どうやって確保できるというのだろうか。被害が広域にわたるほど，すなわち大地震になるほど，これは深刻だ。

順調にいっているとき，東京電力ならずともどこの原発でも，「格納容器の中になど入らなくてもすべてモニタリングできている，管理は万全」と言っていた。実際にはたびたび故障を起こし，警報は誤報が多いため信頼性に欠ける，といった問題もあった。それでも同時多発するということはほとんどない。地震時にはそれが現実になる，そのことが今回は疑う余地のない形で示された。

発電所の敷地境界の環境放射線量をリアルタイムで新潟県に伝送するシステムも，あえなく地震で途絶えてしまった。17日午後には復旧したものの，30時間ほどにわたって記録は空白となっている。

放射能も放出

現在，東京電力により公表されている情報の中でとりわけ深刻なのが，7号機の排気塔から通常は検出されない放射能が検出された件だ。ただし，なぜかこれだけは本社ではなく，柏崎刈羽発電所からプレス発表されている。

17日16時1分の時事通信によれば「ヨウ素131，同133，クロム51，コ

バルト60の放射性物質が検出された」としてあったが，同18時1分になると「通常は検出されない気体状のヨウ素の放射性同位体や粒子状の放射性物質クロム51，コバルト60を検出した」と変わった。

ヨウ素133が消えてしまった。東京電力の発表にはヨウ素としかなく，不自然というものだ。時事通信の早とちりではなく，本当にヨウ素133を確認していたとしたら，それは核燃料の破損を示唆することになり，重大である。

この数値はリアルタイムではなくて，1週間分のフィルターに捕獲されたものの分析結果ということ。ヨウ素131だけでもピンホール等燃料破損の疑いは考えられるが，ヨウ素133なら半減期が短く，20時間あまりで半減してしまうので，地震との関係が濃厚になってくる。なお他号機の分析はこれからとのこと。

【26】柏崎刈羽原発を襲ったキラーパルス（破壊的強震動）(2007/08/16)

マグニチュード6.8の中規模地震が，柏崎刈羽原子力発電所に狙いを定めてキラーパルスを発信？　これはじつは「原子力行政」を直撃する自然からの警告ではないだろうか。

今回の地震は，柏崎刈羽原発を集中的に狙ったもの？という驚くべき報告

8月10日（2007年），原子力安全委員会の「耐震安全性に関する調査プロジェクトチーム」第3回会合が開かれた。会合で報告したのは，耐震指針検討分科会（新指針策定会議）の委員でもあった元京都大学教授入倉孝次郎氏。強震動研究の第一人者である。

このところ今回の中越沖地震の震源断層（地震を起こした断層）のモデルが種々提案されている。余震の分布図などからほぼ推定されたといえるが，詳細構造になると諸説あり，とくに本震を起こした断層については，8日の地震調査委員会でも，北西傾斜（北西へ行くほど下がる）か南東傾斜か，決着がつかなかったとしている。10日は，地震調査委員会の報告や東京電力の報告に続いて，入倉氏らの研究が問題提起として報告された。

これまで私たちは「原発の揺れは周辺よりはるかに小さい」といつも聞かされてきた。ところが今回は「周辺の揺れは決して大きくないのに，原発で顕著に大であった」ということが，入倉氏らの研究のみならず，さまざまな報告で明らかになってきている。

実際，各地の観測記録によれば，地表面において1000ガルを超えた地点

は震央距離12.7kmの旧西山町（3成分合成で1018.9ガル）くらいのもの。その他の観測値は，時刻暦波形（揺れ幅の時間的変化を示す）で見ても周期特性（周期ごとの揺れの大きさの分布を示す）で見ても，顕著なものはほとんど見られない。

豆腐の上の原発，軟弱地盤

ところが，震央から約16km離れた柏崎刈羽原発5号機で1567ガル，同1号機で1259ガルだという（どちらも水平方向合成値）。サイト内の地表観測データで，5号機および1号機近くの地震観測小屋におけるものである。原子炉建屋等構築物の影響を受けないように，少し離れた地点に設置してある。入倉氏の研究はこの「今回の地震は，柏崎刈羽原発を集中的に狙った」という謎に迫ったものだ。

入倉氏は理由として2つ挙げた。1つは地盤が軟らかいというもので，これも原発に対する常識を覆す。しかし，地元の反対派や一部の地質学者はすでに30年以上前から指摘していたことで，「豆腐の上の原発」という表現は有名である。

また，柏崎市に立地する1〜4号機と，刈羽村に立地する5〜7号機の間には，広い土盛りがあるが，東京電力が「土捨て場」と呼ぶその場所は，地元の人々が「蟻地獄」と呼んでいたと筆者は聞いている。

そういうわけで東京電力では，原子炉建屋の場合は「岩盤に直接設置」するという理由で深さ40mくらいの地下まで掘り下げたり，マンメイドロック（人工岩盤）と称してコンクリートを厚く打設したりしている。

もちろん，軟弱地盤は原発サイトの外にも広がっているから，これだけでは原発サイト内だけが狙われたという説明はつかない。

南東落ちなら幸いだったが，北西落ちだった

なぜ原発サイトが集中的に大きな揺れになったかというと，入倉氏によれば，断層の傾きが北西落ちだったことが災いしたというのである。すなわち下方の破壊開始点から始まって次々と破壊が伝わっていくが，北西から南東に向かってほぼ45度くらいで斜め上方に傾いている断層面のその先に，ちょうど原発があったということだ。

原発からみれば，破壊により引き起こされる地震動は破壊の伝播方向に強められることになり，これをディレクティビティー（指向性）と称して，阪神・淡路大震災の際に震災の帯をもたらした現象でもあると説明された。

もし断層が反対に南東落ちであれば，破壊は南東から北西に駆け上がって行くので，原発から遠ざかることになり，到達する地震動は弱まるというわけだ（この現象により確かに最大加速度は大きくなる）。

原発前面直下に「アスペリティー」

 先に述べたように，本震の震源断層がどちらに傾斜しているかについては，これまでに諸説賑わっている。入倉氏は，国土地理院の提案する2枚の北西落ちモデル（図12）のうち南側断層面に，さらに3つのアスペリティーを想定している（図13）。

 アスペリティーというのは，地震の際に破壊する断層面の中でもとくに強い地震波を発する領域のことで，地震が起きてみないとどこにどのようなアスペリティーがあるかはまずわからないといわれている。しかし，アスペリティー部分の破壊による振動が到達すると，観測波形の中に大きなピークとして痕跡を残すから，その解析によってアスペリティーの位置や大きさなどが推定できるわけだ（図14）。

 アスペリティーを3つとしたのは，中越沖地震で観測された時刻暦波形に3つの顕著なピークが見られることに対応するもので，3段階に分けて破壊が進行したことが推測されるからだ。

 入倉氏はこのような断層モデルを仮定した上で，強震動予測という手法を用いて，柏崎刈羽原発1号機の原子炉建屋地下最下階（基礎版上）に設置した地震計に観測された速度波形を再現できたとした。

複数のアスペリティーからの揺れが干渉してさらに強まる

 アスペリティーについては，京都大学原子炉実験所釜江克宏研究室からも問題提起されている。だが，入倉氏のモデルは釜江氏のモデルとは少し違って，3つ目のアスペリティーを最も大きくかつ浅くしている。3つ目の位置は国土地理院が想定した北西落ちの断層の一番南寄りで，防災科研観測点の柏崎（NIG018）の直下となる。原発は第2と第3のアスペリティーの中間あたりにくるとのことだ。

 すると，第2のアスペリティーと第3のアスペリティーからの振動が互いに干渉しあって，より強まったり弱まったりし，到達地点には微妙な差が出てくるだろう。干渉によって変位や速度が強められた地点に，固有周期が一致する構築物などがあれば，とりわけ大きな被害をもたらすことになる。

 原子炉建屋の基礎版（最下階，深さおよそ32.5m）で見ると，震源からは一番遠い1号機が加速度最大となり，ほぼ北へ行くに従って小さくなっている。これは3番目のアスペリティーが1号機よりさらに南寄りの柏崎直下にあって，最後に破壊したとすると確かに納得がいく。

震源断層沿いに建設してしまった

 震源は柏崎刈羽原発から約16km離

第4章 柏崎刈羽原発の「震災」

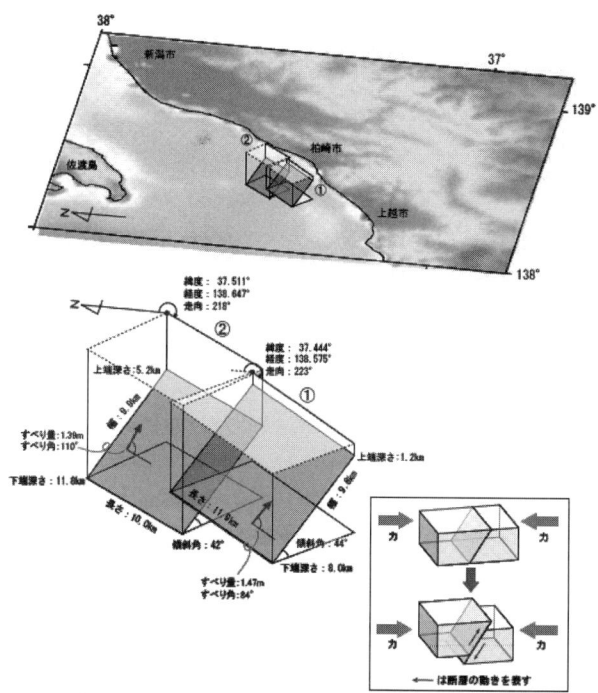

図12 中越沖地震震源断層モデルの概念図

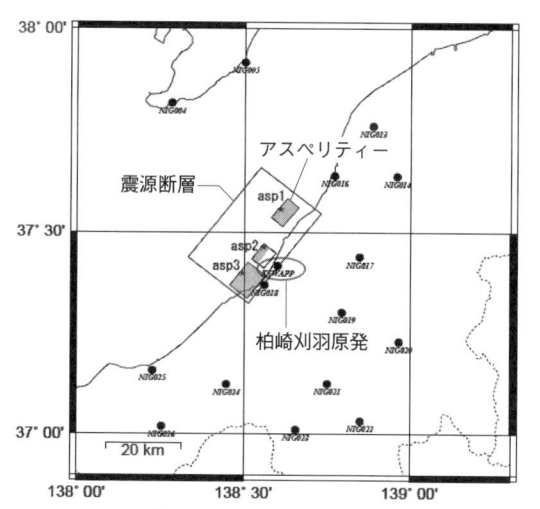

図13 3つのアスペリティーを想定した入倉モデル
3つ目のアスペリティーが最も大きくかつ浅い。

113

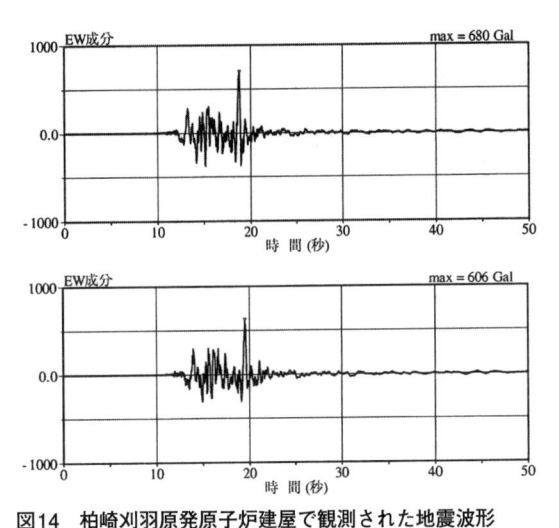

図14 柏崎刈羽原発原子炉建屋で観測された地震波形
　　　　最下階（基礎版上）の加速度時刻暦波形（東西）
・上段　1号機　最大加速度680ガル　・下段　2号機　最大加速度606ガル

れているとはいえ，震源断層は海岸線にほぼ並行して原発の目の前を通り，柏崎市街までおよそ30kmにわたって延びていたわけだ。ほとんど震源域に建ててしまった，といっていいだろう（震源域とは，地震を起こした震源断層の地表投影地域のこと）。

　東京電力は活断層調査と称していったいどこを調べていたのだろう。また原発の設置を許可した国は何を審査したのだろう。国の審査のやり方というのは，事業者が提出した申請書にあることだけを妥当か否か審査するようなものだから，申請書にない断層を指摘などできるわけがない。

　一事が万事，こうして日本の原子力発電所は建設されてきた。地下は見えないし，ひずみがどれだけ溜まり，すでに臨界間近なのか否か，などまるでわからない。いつだって地震は突然襲ってくるのだ。

　そんな中で「活断層調査は十分行った」「十分な耐震性を考慮して建設した」「原発震災などありえない」……そう繰り返してきた電力会社，建設会社，許可してきた政府，審査に関わった専門家等々を，これからもまだ信じることができるだろうか。

　もしも今回の震源断層がもう10km長かったら……，それだけでも破滅的事態を引き起こしていた可能性は否定できない。

観測データの公開と分析で
公正な研究を

　柏崎刈羽原発では各号機に相当数の

地震計を設置しており，総数97台に上るとのこと。ただし観測波形がとれているのはそれらのうち33台のみで，残りは旧式でメモリー不足のため本震のデータは失われてしまったという。ICメモリーわずか40MBとか，測定可能範囲が1000ガルとか，信じられないような話だ。

それでも同じ地点にこのように多数の地震観測計が置かれているケースは非常に稀である上，その直近で地震が起きたのだから，非常に貴重な記録である。震源域のデータといっていいだろう。

東京電力では7月30日にようやく一部公開し，33台の本震記録も，有償とはいえCD-ROMにより8月6日からデータ提供している。入倉氏の報告が，原発に不利な解析として葬られることのないよう，これらのデータを取得して解析し，フリーな立場で議論をたたかわせ，真相に迫ってほしいと願う。

ところで，東京電力のホームページに公開されているデータはきわめて不十分なものだ。すべてのデータが加速度のみで，速度および変位はまったくなし，本震波形の残されている33台の新型地震計についても，東西・南北・上下3方向の加速度時刻暦波形のみで，周期特性については各原子炉建屋基礎版上の東西・南北2方向の加速度応答スペクトルを示す7×2枚だけで，これも速度は消しているし，上下方向はない。これでは入倉氏の提起した問題についても，満足な検証はできない。東京電力が公正な公開を速やかに実施するよう，付記しておく。

〈追記〉その後，断層の傾きは南西落ちと決着がついた。しかしアスペリティーの位置などはそう変わらない（【36】図32参照）。

【27】「あなたも発電所」，原発停止でも電力はあまる (2007/08/19)

停電を起こさせないようにするには，消費者にも責任がある。ボランティアに行けない人でも，誰にでもできる最大の協力……それは「あなたも発電所」（＝節電）。

首都大停電になっていたかもしれない

大型原子力発電所を7機も集中立地させてしまった世界一の規模の柏崎刈羽原子力発電所が，新潟県中越沖地震でいっせいに枕を並べてダウンしてしまったのは，7月16日（2007年）。こ

れから夏場の電力ピークを迎えるという,まさにそのときに直撃された。地震の当日がたまたま休日だったのは,せめてもの自然の配慮だったか。午前10時13分というその時刻からしても,平日で,なおかつ昨日今日のような猛暑であったなら,停電は免れなかったかもしれない。

新潟県中越地震（2004年10月23日）のとき,記録的といえるほど頻繁な余震が発する中で,周辺住民は「原発を止めて」と悲痛な声をあげていた。ライフラインの絶たれた被災地の中にあって発電し続けた柏崎刈羽原発は,小千谷や山古志の頭越しに首都圏へ電気を送り続けた。そのとき新潟の友人たちは「首都圏大停電でも起きればいい,そのくらいしないとわからないんだ」と言っていた。今またそんな声が聞こえなくもない。

暑い最中,不自由な生活や避難生活を送っている被災地の方々の苦労を思うにつけ,提案したい。じつは東京電力管内のすべての人々にできる「ボランティア活動」がある。それを以下,具体的に記す。

東京電力が「でんき予報」を開始

東京電力では,柏崎刈羽原発全機停止を受けて,「でんき予報」という節電呼びかけをホームページに掲載している。「でんき予報」はえてしてはずれがちだからおススメではないが,こ のサイトには次のようなデータもある。

まず「現在の電力需要」では,1時間ごとの最大電力を,リアルタイムのグラフで示している（図15）。また「過去の最大電力」データが出ている。これを見ると,近年（10年以上）東京電力の供給した最大電力はほぼ横ばいであることがわかる。

これらのデータから,他の電力会社から融通（166万kW）を受けたり,過去の悪質なデータ改ざん問題によって水利使用の取り消し処分を受けた塩原水力発電所（90万kW）の処分を免除してもらう,などといった甘えを許すことなく,「首都圏の電力消費者の努力によって」,柏崎刈羽原発がなくても夏を乗り切ることは可能であると見えてくるはずだ。現在東京電力が用意している供給力6160kWから,この2つを除いても5904万kWである。今日までに5904万kWを超えたのは,8月10日（5951万kW）だけである。

なお図15では,一日の電気使用量の変動がわかる。このグラフは実績であって,毎日変わる（図は8月6日の例）。数日追いかけてみてほしい。

一日の最大電力使用量は,だいたい気温と湿度によって大きく影響を受ける。また土曜休日は大幅に需要がダウンする。そのため,でんき予報は平日のみしか出していない（当時）。またお盆休みの頃,今年はちょうど今日8月19日くらいまで,やはり需要は相当に落ちる。

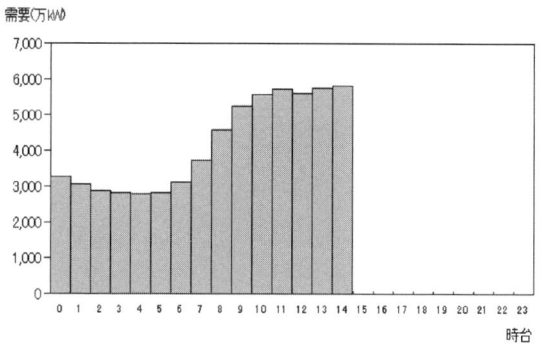

図15　東京電力ホームページ「でんき予報」より
「現在の電力需要」2007年8月6日

　一日24時間の変動を示すこのグラフから、ボトム（最小）とピーク（最大）では2倍ほども異なることがわかる。電気は蓄えられないから、どんなにピークが大きくてもその需要を満たすだけの発電設備が必要になる。これは電気事業法という悪法で電力会社に供給義務を課してきたからなのだが、その結果が柏崎刈羽原発のような大規模電源立地を招いたのだ。

大規模電源立地のムダ

　しかし、これは大きな無駄遣いだ。つまり、ピーク需要にあわせた電源設備の建設は稼働率の低下をもたらし、遊休設備を多く抱える結果となる。通常の経営感覚からすれば、ピークを下げて年間を通してできるだけ需要変動をならす方向に努力しようとする。
　ところが、地域独占を謳歌してきた電力各社は、供給設備にあわせて発電・販売量を獲得しようと、ピーク時以外の電力使用量を増やす方向に、使え使えと宣伝してきたのである。その代表的なものが「オール電化」であることを消費者は意外と知らない。原発は非常に効率が悪く、発熱量の3分の1しか電気にできない。使用する電力の倍のエネルギーを環境（日本の場合、ほとんどは海）に捨てているのだ。
　盛夏における柏崎刈羽原発全機停止という今回の「試練」は、このようなことを周知させる良い機会なのだ。しかし今、社会の風潮は停電の危機をあおって、わがままな消費者を助長し、柏崎刈羽原発の運転再開時期などという禁句を口にしているという状況だ。
　あたかも、交通事故で入院中の親に、放蕩息子・娘が「もっと金を」とせびっている構図に似ている。どっかから借金してくれ、不正な金でも構わない、果てはいつになったら働けるんだ……と。

「もっと快適に」「快適な生活を維持するために」といった宣伝が氾濫している。電気に限らずこうした宣伝を見るのは不快でしょうがない。宣伝媒体であるマスメディアが，こういう内容には自粛を促すのが公器たるものの責任ではないか。

たった2日間のために……

昨夏（2006年）の最大電力は，1位が7月14日（金）11～12時の5806万kW，2位が8月7日（月）14～15時の5767万kW，3位が8月4日（金）14～15時の5640万kW，4位が8月24日（木）14～15時の5628万kW，5位以下は5600万kWを下回っている。

昨夏，東京電力が柏崎刈羽原発のみならず福島原発や日本原電の原発も含めて，まったく原発なしで発電できる量は5679万kWだった（7,498.0－1,818.8＝5,679）。

したがって，2006年の1年間365日を通して，原発抜きで供給できる電力量5679万kWを超えたのはたった2日間だけだ。その2日間も24時間のうちの数時間である。その他の年も同様でせいぜい10日前後だ。いかに大きな無駄であるか，おわかりいただけるだろう。

このように変動の大きい電力の需給調整にどのようにして対応しているかといえば，まず原発を供給能力いっぱいの100％稼働。実際には定期検査・燃料交換などがあり，事故や検査，不正等社会的な理由により運転停止している期間があるから，日数でみた稼働率は8割以下になる。

原発優先のあおりを食らって他の発電方式は，水力2割・火力4割という低い平均稼働率になっている。原発の発電コストが安いという宣伝には，そうしたからくりがある。

誰にもできるボランティア活動「節電」

誰にもできる「ボランティア活動」とは，「節電」。言い換えれば「あなたも発電所」。すなわち，あなたの節電した分を他の誰かが使えるから，「発電」してあげたのと同じことというわけだ。アメリカで30年前にエイモリー・ロビンスが提唱した「ネガワット」の考えである。いつ「発電」してもいいのだが，とくに効果的なのは，最大電力のピーク時，平日の11～16時頃。東京電力では13～16時としている。

でんき予報は，その日のピークをあらかじめ予想して節電に協力してもらおうという趣旨で，これもかつて消費者が提案したものだ。東京電力では現在テレビ等ででんき予報を流しているが，本気でないのかやることが中途半端。毎時，テレビ局が時報とともにリアルタイムのグラフを映像で流せばいいだ。

そんなことが実現するまでは，まずは有志のみなさんが，東京電力のホー

ムページにあるこのグラフをまめに見て参考にするように，あちこちに伝えていただければと思う。さらに，「JANJAN」はじめホームページをもつ各機関・個人が，トップにこのグラフを掲げたり，リンクを張っていただけるとたいへんよい。

東京電力には，せめてそのグラフに重ねて，その年最大の日のグラフを表示する工夫をしてもらえればと思う。またグラフに供給力の線を入れるべきだ。あちこちから東京電力にそうした提案や意見を寄せよう。

原発は社会的政治的に不安定，自然災害にも脆弱

ここでさらに東京電力や国などに対して親切な建設的提案をしたいと思う。

7月31日（2007年），東京電力は柏崎刈羽原発の稼働停止の影響額が，今年度で3200〜4000億円に上るとの見通しを発表した。この額はちょうど原発一機の建設費に相当する。これだけあれば1機建設できたのに，という額だ。

これはしかし同原発に代わる燃料費が主であって，検査や地震被害に絡む費用は未算入のようである。その他，社会的信用の失墜といった試算できない費用も含めて，臨時の出費も相当額だろう。

それでも原発は「安定供給のために信頼するに足る」電源だと，言い続けるのだろうか。近年，原発は社会的政治的に不安定な存在であることが国際社会では常識になってきた。日本ではそれに加えて，自然災害に対して脆弱であること，これはもう隠しようがない。

今年2回も，わずか4カ月の間に2サイトが，地震の直撃を受けた。2年前，2005年宮城県沖地震（第2章【10】【11】参照）で3機すべてが自動停止した東北電力女川原発のうち，最後の1号機が運転再開に至ったのは，この7月だ。

こう頻発すると，地震後の原発の安全チェック方法の規定を早急に定める必要がある。しかし，上に見たような原発への信頼性の失墜から，逆向きの，すなわち「供給優先の放蕩息子路線」が台頭しかねない。安全最優先をお題目に終わらせないためには，地震災害を避けること，すなわち危険な地域にある原発の運転を停止し，原発への依存度を下げていくことだ。脱原発への方向転換である。

今年2回の地震による直撃は，偶然でも何でもなくて，広域的に見れば日本列島でも最大級といわれる「新潟―神戸歪集中帯」に起きたこと，というのが地震学者の常識的見解のようだ。したがって，同じ状況下にある福井県の原発，不幸にして15機も建設してしまった若狭湾沿岸や高速原型炉「もんじゅ」が次に心配だと，「原発震災」を造語した石橋克彦神戸大学教授らが指摘している。

この歪集中帯とは地震の発生機構が異なるが、政府が「想定東海地震」と発生する前から命名して警戒している震源断層の真上に建設してしまった中部電力浜岡原発も、もちろん言うに及ばない。

　「原発震災」予告編といってもいいような柏崎刈羽原発の震害状況を見るにつけ、電力消費地における脱原発への環境づくりは、消費者の意識と行動にかかっているといえる。東京電力は停電を起こさないようにと恥も外聞もなく供給量をかき集めることをやめて、消費者の意識変革をめざすべく、ここで一歩を踏み出すことを決断してほしい。消える数千億円はそのための投資と考えればよろしい。

　最後に消費者として、誰でもできそうな確実な発電方法を紹介しよう。それは契約アンペアを下げることだ。5アンペア単位で下げてくれるから、東京電力に電話して要請しよう。5アンペア下げてもほとんど問題はないから、とりあえず5アンペアを目標に。基本料金が5アンペアにつき月額130円安くなるから、一石二鳥だ。そしてちりも積もれば山となる。東京電力の最大電力需要予測の減少として反映されてくるだろう。

　いまだに厳しい残暑の中で、柏崎刈羽地域の被災者が不自由な生活を強いられている。ボランティアに行けない人にもできる、最大の協力ではないだろうか。

　ぜひ「あなたも発電所」へ参加してほしい。

　〈追記〉2010年夏は猛暑にもかかわらず「でんき予報」掲載を中止した。近年はそれほど需要が落ち込んでいるのである。しかし、2011年3月11日、ただちに計画停電の実施に入るとともに「でんき予報」は復活した。首都圏のおもな駅構内にまでリアルタイムの表示がお目見えした。

【28】柏崎刈羽原発を襲ったのは「震度7」の地震!?　(2007/10/12)

柏崎刈羽原発で「震度7」を計測

　去る7月16日（2007年）に発生した新潟県中越沖地震は、現在「震度6強」の地震とされている。最大震度を記録した観測点は柏崎市中央町で、計測震度6.3であったとのことだ。

　ところで、この地震で派手に被災した柏崎刈羽原発のサイト内にも、計測震度計が3台設置されていた。東京電力本社から得た回答によれば、本震においてそれぞれ6.5、6.3、6.1を計測したとのこと。東京電力がこれらの数値

第4章　柏崎刈羽原発の「震災」

を公表したという話を筆者はまだ聞いたことがないが，計測震度6.5といえば柏崎市中央町を超えるばかりではなく「震度7」に相当する（気象庁の計測震度と震度階級「震度の算出方法」表参照）。東京電力の計測震度計記録が気象庁に認定されれば，中越沖地震は「震度7の地震」ということになるはずだ。

「震度7」といえば，気象庁の震度階級の最上位で，人間は「揺れにほんろうされ，動くこともできず，飛ばされることもある」，屋内の状況は「ほとんどの家具が揺れにあわせて移動する。テレビ等…跳ねて飛ぶことがある」，木造・鉄筋コンクリート造を問わず，耐震性の高い住宅・建物で「壁などのひび割れ・亀裂が多くなる」，地盤等は「大きな地割れが生じることがある。／大規模な地すべりや山体の崩壊が発生することがある」とされている（気象庁2009年3月31日改定「気象庁震度階級関連解説表」より）。

阪神・淡路大震災以後，「震度7」の記録は中越地震のみ

山間部に大きな被害をもたらした2004年の中越地震（10月13日，マグニチュード6.8）の際に，川口町（新潟県北魚沼郡）で計測震度6.5が記録され，中越地震はこれをもって「震度7の地震」ということになった。中越地震の計測震度については，「地震・火山月報（防災編）」2004年10月号に一覧表がある。

新潟県が設置していた川口町役場の計測震度計は，地震発生当時は停電による衛星通信端末のダウンで震度がオンラインで入電せず，1週間後保存されていたデータから「震度7」が確認された。それまでは中越地震は「震度6強」が最大震度だとされていたのだ。

気象庁が，体感や被害状況による震度階級の算定から，現在のような計測震度計により自動的に決定する方式に切り替えたのは阪神・淡路大震災の翌年1996年4月だが，川口町の記録は震度計による初の「震度7」とされた。それ以来，震度7の地震は観測されていないから，柏崎刈羽原発の記録はこれに続くものとなる。

すでに定着してしまった「震度6強」

東京電力が自ら公表しないからか，中越沖地震が「震度6強」の地震であるということはすでに行きわたっている。たとえば，このたびいち早く朝日新聞社から出版された柏崎刈羽原発の地震被災に関する取材報告のタイトルは『「震度6強」が原発を襲った』であり，本文中にもたびたび「震度6強の地震」と記されている。

朝日新聞の記者はじめ2～3のマスメディア関係者，さらには新潟県にも，上記計測震度の情報は伝えているのだが，どこも検証しようとはしていない。なぜだろうか。東京電力のデータは信

頼されないのだろうか。

市民団体が,東京電力から上記回答を得たのは9月20日で,すでに地震発生から2カ月が経過した時点だから,東京電力としても十分その数値には検証を加えた後であり,今後見直しなどはないものと考えられる。

どこよりも大きく原発サイトが揺れた

これらの観測値がどこで記録されたものかを見てみよう。

原発サイトで最大の計測震度6.5を記録したのは,1号機地震観測小屋の床上の計測震度計とのことだ。地震観測小屋というのは,合計100台近い地震計からのデータを集積して東京本社へ送るための機器類を収納している施設だから,耐震性は十分と思われる。その1階床上でのデータなのだ。地表より大きくなってしまったとは考えられない。

次に大きい,柏崎市中央町と並ぶ6.3を記録したのは5号機地震観測小屋,さらに両者から1km以上離れた敷地境界に近いサービスホールの地盤系観測点で計測震度6.1を記録しているということだ。どちらも震度6強となる。サービスホールの場合には,地表から2.4m下の深部に埋めてあるようだから,地表であれば,むしろさらに大きな数値になっていたのではと考えられる。

5号機地震観測小屋では,地表レベルとしては最大の加速度1223ガル(東西方向)を記録し,水平方向合成値としても1567ガルで,どちらもサイトの内外を問わず今回の地震における最大値となっている。1号機地震観測小屋でも最大加速度の水平方向合成値は1259ガルに達し,ナンバー2の記録だ。

志賀原発でも「震度6強」

今年(2007年)は3月にも,能登半島地震で北陸電力の志賀原発が直近から地震の襲撃を受けている。マグニチュードは6.9,震源深さ約11kmで,原発からの震央距離約18km,震源距離約21kmだから,マグニチュード6.8,震源深さ約17km,震央距離約16km,震源距離約23kmの中越沖地震と似たり寄ったりだ。この志賀原発の報告書に,計測震度計を設置していたとあったのを思い出し,志賀原発に問い合わせてみた。速報用計測震度計として,1号機原子炉建屋基礎版上(地下最下階)に設置されており,最大加速度226ガルが記録されていた。

数日ほどして届いた回答は,にわかには信じられないようなものだった。すなわち「計測震度6.0」したがって「震度6強」とのこと。

これがサイト内地表の値というなら,柏崎刈羽原発と同様とうなずいてすむところだが,あきれたことに地表の半分以下の揺れと聞かされていた原子炉建屋「内」で,しかも最下階なのだか

ら「原発の怪」とでもいうほかない。

最大加速度のみで揺れの強さを表わすのは問題

じつは地震の揺れの強さを表わす数字として，震度のほかに最大加速度，最大速度，最大変位などが使われる。最近ではもっぱら最大加速度で表現されることが多いのだが，これには疑問がある。実際に地震が発生したときに観測される最大加速度は，地震のたびに記録更新されてきた。また必ずしも最大加速度の値と被害の状況が一致しないことも指摘されている。

そんなわけで，地震の被害を表わすには震度階級が一番適切と考えられているようだし，筆者もそう思う。

震度階級をはじき出すための計測震度計は強震計の一種で，地震計である計測部と，そこで観測された「揺れ」の記録を処理して計測震度を計算する処理部に分かれている。処理部が行う計算をおおざっぱに言い換えると，「揺れ」による地面の動きである速度と，速度の変化の割合である加速度をかけ算して，その対数をとることに相当しているとのことだ。

原発の耐震設計を表現する場合にも，設計用として策定される基準地震動は，最大加速度と同時に最大速度が表記されている。たとえば柏崎刈羽原発では450ガル，22カイン（カインは速度の単位でcm／秒），国内の最大値は浜岡原発で600ガル，53.9カインとして建設されている（第1章【9】参照）。

計測震度は時間的変化も捉える

図16は，今回の中越沖地震の計測震度を震源から近い順に並べたものだ。計測震度計では，このように時間変化も捉えられるので，人間の心身や構築物などに対する地震動の影響を表現するには，現状では最もふさわしいのではないか。これらのグラフを比較すると，震度がかなり大きくかつ長く続く場合にはなかなか厳しいものがあると推測される。この中では上から3つ目の刈羽村割町新田が相当するが，実際この一帯は家屋の破壊などの被害が最も多かったといわれている。

マグニチュードの大きな地震ほど，この継続時間は長くなるといわれ，マグニチュード8クラスとなると2分前後続くという。はたして人間の恐怖心が，そのような長時間に耐え得るのか，原発内部に思いを馳せるとき，戦慄を覚える。

柏崎刈羽原発では，近くにマグニチュード8と評価された長岡平野西縁断層帯が走り，中越沖地震後その活動との関連が危惧されている。中部電力浜岡原発もやはり，マグニチュード8級と予測されている想定東海地震の予想震源域で運転を続けている。

①出雲崎米田（JMA西山）

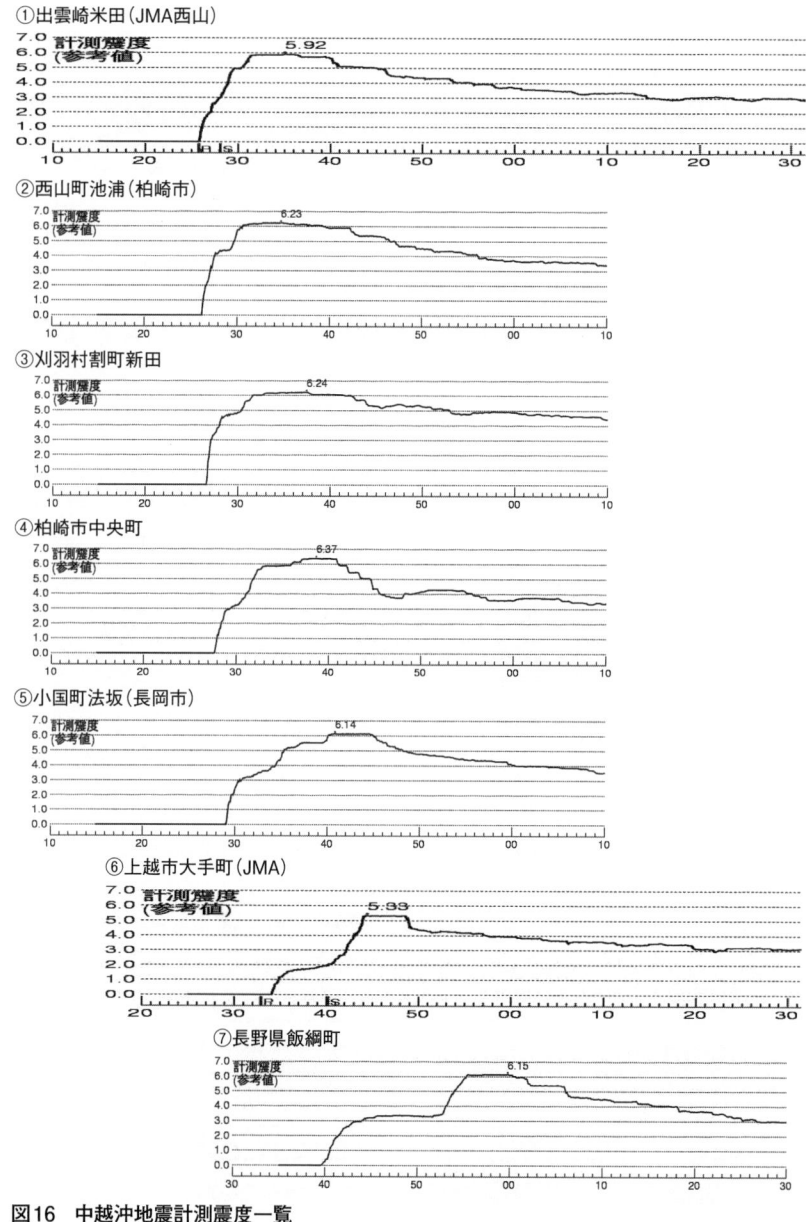

②西山町池浦（柏崎市）

③刈羽村割町新田

④柏崎市中央町

⑤小国町法坂（長岡市）

⑥上越市大手町（JMA）

⑦長野県飯綱町

図16 中越沖地震計測震度一覧
①と⑥は目盛りを合わせるため，横に拡大してある．

原発への影響，周期特性にも留意

　原発の耐震性で問題になるのは，建屋そのものより中に設置されている機器・配管類だから，それらの固有周期との関係が問題になる。それでも，その中で運転操作し，異常に対峙するのはやはり人間であるということを忘れてはならない。

　今回の柏崎刈羽原発および志賀原発における計測震度の異常さを，電力会社は率先して発表し，社会に注意を喚起してもらいたいものだ。

　原発が立地する地元では，原発での揺れは一般の地表での揺れよりはるかに小さくなる，と長いこと聞かされてきた。とんでもない「予断」だったのだ。柏崎刈羽原発の敷地内はどこよりも大きな揺れを観測し，志賀原発では建屋の基礎で「震度6強」に達してしまった。柏崎刈羽原発でも，建屋基礎版でのデータから計測震度を算定し，志賀原発の「怪」を解明してもらいたいものだ。

　浜岡原発では，「原発震災」を未然に防ぐため司法に訴えた運転差止訴訟の判決が，いよいよ10月26日静岡地裁において下される。即時運転停止を求める仮処分付きだ。対象とされた1～4号機すべてをきっぱりと運転差止めとする判決によって，再度社会に「震度7」の激震をもたらしてくれるよう期待する。

【29】浜岡原発周辺住民の意識変化 (2007/10/20)

　浜岡原発（静岡県御前崎市）の周辺に住む市民の，中越沖地震後の意識変化を追った世論調査の結果が出た（図17）。それは，これまでの物言わぬ市民がささやかな主張を始めたものといえる。

　浜岡原発立地・隣接4市（御前崎，掛川，菊川，牧之原）の市民対象の意識調査は，柏崎刈羽原発「震災」からちょうど2カ月後に実施され，9月21日に調査結果の速報が発表され，報道された。その結果を一部ご紹介しよう。

　調査したのは，明治大学政治経済学部生方研究室。電話により，1. 原発と地震，2. 地元安全協定，3. プルサーマルについて計9問を問い，サンプル数4001世帯から1201人の有効回答を得ている。実施したのは中越沖地震から2カ月後の連休，回答者は半数が50，60代を占め，それより若い世代が4分の1，女性は58％を占めている。

　まず，問9の日本の原発に対する見解を見ておく。現状維持43.4％，増やす8.7％，減らしていく23.4％となっ

ている。原発に依存している地域だが，他と比べるとどうなのだろうか。御前崎，掛川，菊川，牧之原の4市別にも集計されているが，それほど大きな差はないようだ。ここでは全体についてのみ紹介する。

浜岡原発が東海地震で事故を起こすのではないかと心配する人は8人中7人の割合（問2）で，柏崎刈羽原発の被災の後，心配が増えた人は8割以上にのぼっている（問3）。

東海地震の震源域の上にある浜岡原発でプルサーマルを進めることについては，25％の「やむをえない」とするあきらめ派を加えてもやっと3割程度である（問8）。

驚くべきは，プルサーマルという言葉を聞いたことのある人が9割も占めることだ（問6）。2年前，はじめて中部電力が県内でプルサーマル実施計画を発表した頃は，ほとんどの住民が初耳という状態だったので，この2年間の国・事業者の宣伝のたまものだろう。ところがそうした彼らの宣伝にもかかわらず，その説明が十分とはまるで評価されていないし（問7），大地震の震源域内で実施することにも同意していない。

問4にいう「安全協定」については，半数程度しか聞いたことがないとしている。設問の中では「安全協定とは，原発の安全を守るために地元自治体と電力会社が取り決めているものです」と解説されている。じつは静岡県における安全協定では，他県の条項には必ず明記されている地元の事前了解の項目がない。

プルサーマル計画に対する地元の反対は，この事前了解をめぐって全国各地で闘われてきたから，県内でもプルサーマルをきっかけに改定論議が沸き起こったのだ。県や市の執行部および議会の明記不要とする判断とは大きく相違する意思が表明された（問5）。

こうした結果は，これまでの物言わぬ市民がささやかな主張を始めたものと筆者には見えるが，ホームページに掲載されている考察がまたなかなかいい。

「浜岡原発近隣の住民にとって，何

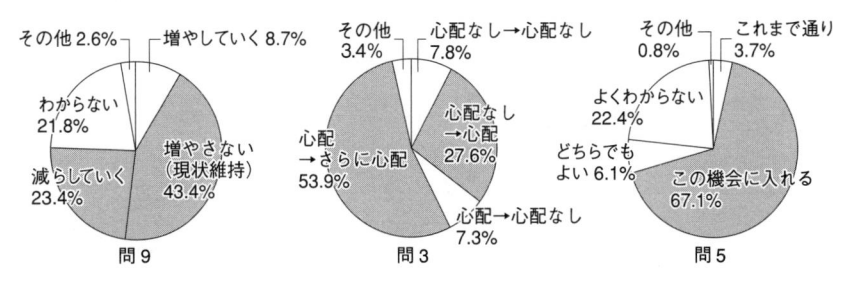

図17 「地震と原発に関する世論調査」

問9: その他 2.6％／増やしていく 8.7％／わからない 21.8％／減らしていく 23.4％／増やさない（現状維持）43.4％

問3: その他 3.4％／心配なし→心配なし 7.8％／心配なし→心配 27.6％／心配→さらに心配 53.9％／心配→心配なし 7.3％

問5: その他 0.8％／これまで通り 3.7％／よくわからない 22.4％／どちらでもよい 6.1％／この機会に入れる 67.1％

よりも心配なのは原発と地震の問題である。柏崎刈羽原発の場合は原発直下に断層があることが指摘されていたにもかかわらず、東京電力はこれを無視してきた。この断層が動いたこと、揺れが基準をはるかに超えていたこと、そして火災やクレーンの破断等の重大な事故が起きたことに対して、「想定外」という言葉を用いて責任逃れをし、逆にそれにもかかわらず大事故に至らなかったことをもって、技術の勝利と原発の必要性を強調するキャンペーンをはったことは、多くの住民に不信の念を抱かせるに十分だった」

「国と電力会社の姿勢は原発の安全性、プルサーマルの安全性、地震・津波対策の完璧さを強調しがちであり、住民は自分達が「説明と説得の対象」にしかされていないことにいらだちを覚えているように思われる。住民は一方的な説明会よりも、異なる意見がぶつかり合う討論会を求めているのである。このことは8月26日に御前崎で開かれた政府主催のシンポジウムの成り行きからも明らかである」

まさにそのとおり。経済産業省と共に規制庁たる原子力安全・保安院までもが、あの地震の直後であるにもかかわらず、「地震とプルサーマルは別」と称して御前崎市でのプルサーマル・シンポジウムを強行し、会場からもパネリストからも「耐震性が先」と総スカンを喰らい、「耐震安全性に議論集中」と新聞に書きたてられたのだ。

「多くの住民にとって、プルサーマルの導入の是非以前に、浜岡に原発があること自体が憂慮の対象」なのであり、「住民が求めているのは、「説明」よりは情報の公開と真摯でわかりやすい議論の場であるように思われる」と結んでいる。

質問と同時に聞き取りされたコメントからも、こうした意識はうかがい知ることができる。是非、「地震と原発に関する世論調査・調査結果」に目を通してみていただきたい。

この分析を読んで、調査の目的が明瞭であることに感心し、マスコミなどの世論調査との違いをあらためて感じさせられた。と同時に、この結果を住民の中に返して行き、お互いを知り、お互いを信頼しあって、大きな壁を突き崩していくきっかけにできれば、と思う。

【30】目前に迫った浜岡原発訴訟の判決にどのような影響を与えるか？
(2007/10/23)

判決は間に合うのか……と5年半

今年（2007年）の「原子力の日」10月26日に，切迫するといわれる想定東海地震の震源域で稼動中の中部電力浜岡原発1〜4号機に対する司法の判断が下される。

この裁判は，他の原発裁判と違って，原発一般の安全性ではなく，地震に対する安全性を問うて提訴されたもので，特定の地震に対する特定の原発を問題にしている。

5年半にわたる長期の訴訟期間を通して，原告側はいつ東海地震が発生するのか，判決は間に合わないのでは……とつねに危惧してきた。明日起きてもおかしくないと政府が特別措置法を制定して防災対策に取り組む大地震だからだ。

結審後に地震発生！

そして今年6月15日の結審から1カ月後，とうとう地震発生。ただし，発生は中越沖。被災したのは浜岡原発ではなかった。その日のうちにも報道され，その後も次々と明らかになった柏崎刈羽原発の数々の失態は，原告が法廷で指摘してきた，地震がもとで発生すると予測される不都合のオンパレードであり，被告中部電力がまったくの絵空事として鼻先で笑っていたものだ。

こうした被害状況，およびその後次々と追加報告される被害状況は，一般の建築物と何ら変わらないものも多く，全国に大きな衝撃を与えた。そしてこのことにより，日本の原発の耐震性に対する信頼は，一挙に崩れ去った。柏崎刈羽原発の被災の前と後とでは，原発に対する人々の認識がまるで変わったといえる。

明らかに，原発の危険性を語ることへのタブー視，とりわけ原発震災への偏見はガラッと崩壊した，という感じがする。浜岡原発震災への私たちの不安は，柏崎刈羽原発「震災」の延長として，現実に起こり得ることとして，捉えられるようになったといえるだろう。

このことはまず第一に，運転差止めの判決が奇をてらうものと受け止められる惧れが吹き飛んでしまったという意味で，司法判断に間接的な影響を少なからず与えると考えられる。

訴訟で問われること

原告は「東海地震の際に浜岡原発が重大な事故を起こし，原発震災となる」ことを危惧する市民たちで，被告中部電力に対して，震源域における原

発1〜4号機の運転停止を求める民事事件である。提訴時点で建設中であった5号機は、対象外となっている。

原告の主張は、
（1）被告が設計で想定した地震動は過小である
（2）過小評価に基づく設備、機器・配管類は巨大地震の襲撃に対して耐え得ない
（3）そもそも原発は欠陥を抱えており、老朽化に対する対策は不十分である
としている。

これに対し被告中部電力は、
（1）政府が2001年12月に見直した中央防災会議の想定東海地震のモデルに基づきさらに余裕をもって設計している
（2）設計を超える地震動に対しても十分な余裕がある
（3）原発の点検・検査は十分で、常に対策を講じている
と主張する。

柏崎刈羽原発の設計は観測記録の半分以下だった

2003年5月の女川原発を初体験として、原発が設計を超える地震動を記録したのは4回目になる（2005年宮城県沖地震の際に東北電力が公表）。今回の観測データは、号機・建屋によってさまざまだが、最大加速度でみれば、設計で想定された応答の3.6倍の値である。

現在、原子力安全委員会や原子力安全・保安院のもとで議論されている焦点のひとつが、設計で想定された応答をはるかに超える地震動が観測された事実に対する要因分析だ。観測値は多数得られているにもかかわらず、まだ核心に迫るところまで行っていない。

活断層の探査やその規模の評価など地震の選定がまずいのか、敷地へ到達する地震動の想定方法が適切でなかったのか、建物への応答解析に間違いがあるのか……等が考えられる。

いずれにしても、他のプラントにも波及してくるのはほぼ間違いない。

浜岡原発で想定される地震の発生機構は、中越沖地震のそれとは異なるが、上記の要因のいずれとも無関係とするには相当の無理がある。

また、柏崎刈羽原発における地中での観測結果は、中部電力が耐震補強で想定した1000ガルという最大加速度をも超えたことを強く示唆している。

これらは原告側主張（1）を支持するものといえる。

被害の真相はまだまだこれから

これまでにわかっているのは、地震により同時多発した異常、故障、破損、あるいは揺れを感知しての停止等々である。肝心の原子炉内や核燃料、再循環ポンプをはじめとする各種ポンプや弁の内部（分解点検）などはまだほとんど手つかず、点検作業は3カ月が経過した今もほんの入口に到達したばか

りである。

　保温材に覆われた配管類の検査など考えただけでも気の遠くなるような作業だが、それらすべては多かれ少なかれ放射線環境下で進めざるを得ない。作業員の被曝量は予測もつかないし、すべてを検査することなどまず不可能だろう。

　被曝をともなわないコンピュータによる机上の計算ですらまだ試算の段階で、結果といえるような発表は見られない。こうした内面にはまだスポットが当てられていないのだ。

　ここへきてようやく7号機の制御棒の異常が発表されたが、その詳細検査ははるか先で、真相は当分お預けだ。原発のブレーキである制御棒に、万一耐震上の欠陥が明らかになれば、「十分な余裕がある」などという主張は吹き飛んでしまう。

あちこちに手抜かり、人間の浅知恵

　4年前の中越地震を教訓として東京電力が設置したという柏崎刈羽原発の緊急時対策室は、情報発受信のための装置を集中的に備えたもので、確かに使用不能となった事務本館の中で唯一健全さを保っていた。ところが、肝心の扉が地震でひしゃげて中に入ることができず、地震直後の通信連絡に多大な支障をきたした。人間の浅知恵を笑うような事例だ。

　ひとしきり柏崎刈羽原発の悲惨な状況が報道された後、やがて「安全に停止できた」「放射能災害には至らなかった」「マスコミの報道の行き過ぎ」という合唱が始まり、かえって胸を張るような動きが目立ってきた。とんでもないことだ。地震の規模はマグニチュード6.8。「安全に停止して」当たり前、「放射能災害に至らなくて」当たり前なのだ。

　それでもひと括りにして言うならば、柏崎刈羽原発の被災状況は、おそらくボーダーライン周辺にあるといえそうだ。ラインを踏みはずした部分もきっと少なからず出てくると思われる。そのような原発を、十分な検査のできないものを、決して動かしてはならない。ただそのためには、判明した事実の公開を、新潟県外の世論に対しても徹底していかなければならない。

忘れてならない「ひと」の問題

　柏崎刈羽原発がボーダーラインにとどまったとすれば、東海地震に立ち向かう浜岡原発はアウトだ。筆者には浜岡原発についても、もうはっきり答えが出たと、確信をもって言うことができる。

　柏崎刈羽原発で、地震観測計は最大加速度について、タービンフロアで最大2058ガル（3号機）を記録し、最下階基礎版上で680ガルを記録した1号機では、運転操作室と同じフロアで884ガル、そのすぐ上の核燃料プール

のフロアで1000ガルを振り切る……といった数値を示している。作業員が近くにいれば使用済み核燃料プールに振り落とされかねない，すさまじい揺れだ。不幸にして，これらの部屋はかなり上階に位置する。

マグニチュードの違いは，揺れの継続時間の違いにも表われる。マグニチュード6.8の中越沖地震は十数秒，その10倍の2分前後続くといわれる東海地震は，余震だけでも中越沖地震程度の中規模地震に何回も襲われる。

マグニチュード8級の地震直上の世界がどんなものか，どれだけ知られているだろうか。

「……静岡県内の被害地震としては，なんといっても1944年12月7日昭和東南海地震（マグニチュード7.9，死者1200人余）である。戦争末期であったため，詳細は伏せられ被害状況は『極秘』扱いであった。……最近になって静岡新聞が精力的に被害状況の再現に取り組み，……毎週連載した。地鳴り，地割れ，液状化による噴水，噴砂等々自然現象から，『お盆の上の大豆のように転がった』人々の様子，『資材用の鉄板が紙切れのように舞った』様子，『7，8回振り子のように』揺れた母屋の様子など，激しい横揺れが特徴といわれる昭和東南海地震の証言は，深さ十数kmの直下で岩盤が破壊したときのものである」（原告最終準備書面より，『　』内は静岡新聞からの引用）

浜岡原発の運転員は東海地震に耐えられない

仮に構築物がどんなに大きな揺れに耐え得たとしても，今回の10倍もの長時間の恐怖に，ひとは耐えられるだろうか。十数秒でさえ，一瞬パニックになったと柏崎刈羽原発の運転員は証言している。運転操作室においても，つかまっていなければ跳ばされ振り回されるような揺れに翻弄されることになる。

何も手を下せないような激しい揺れの最中，わが身に迫る恐怖に加えて，原発が暴れて危害を及ぼすかもしれない恐怖と責任感に耐えられるような運転員が，いったい何人いるだろうか。今回あらためて強調したいこと，それは「ひと」の問題だ。

原告が十分指摘できなかったこの問題を，中越沖地震が，きわめて的確に，裁判所に対して実証してくれた。浜岡原発の判決にどのような影響を与えるか，言うまでもない。

続けて5号機も世論の力で早く止めるよう，ただちに取り組まなければならない。

裁判の結果，恥ずべき一審静岡地裁判決

〈追記〉10月26日宮岡章裁判長は，中越沖地震による柏崎刈羽原発の被災にはいっさい触れることなく，建設に際して下された設置許可における耐震

性が現在も有効とした。新指針をも無視するミイラ判決だ。

【31】隠していた活断層，東京電力・保安院による過去の隠蔽（活断層調査）(2007/12/19)

　筆者は，中越沖地震発生からちょうど1カ月後，柏崎刈羽原発7機が設計時の想定を超えて揺れたこと，その震源断層は諸説さまざまでなかなか決定打が出ないと記し，「東京電力は活断層調査と称していったいどこを調べていたのだろう。また原発の設置を許可した国は何を審査したのだろう」と指摘したが，これほどまで性質が悪いとは。わが国の原子力安全行政は，何度でも虚偽を平気で演じる体質であることを，この地震が暴露した。

隠していたF-B活断層

　国と東京電力は，2003年に中越沖のF-B断層を約23kmと確認しながら，中越沖地震後の今月までそのことを明らかにしなかった。地震が起きてからも，これが震源断層ではないかという大きな疑いを抱えながら，5カ月近くも沈黙していたのだ。

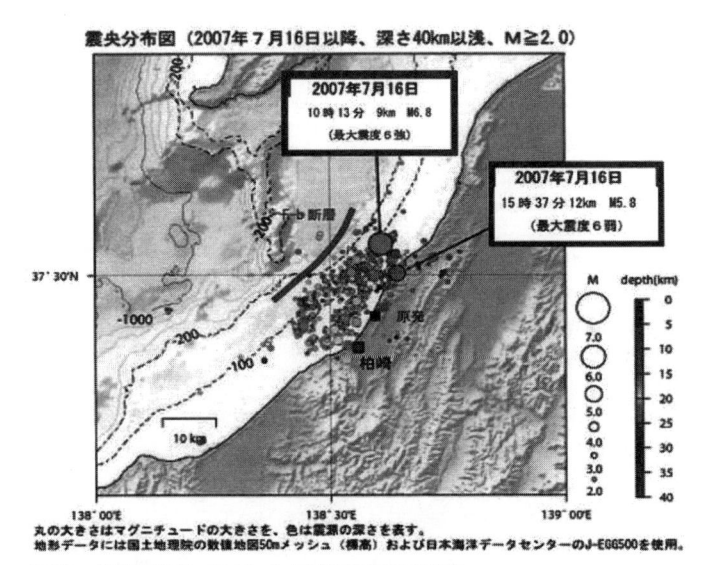

図18　海底活断層（F-B）と中越沖地震余震分布
申請・許可時は，長さ＝7km　2003年6月，長さ＝23kmと見直したが公表せず。

まずは，図18をご覧いただきたい。気象庁発表の中越沖地震余震分布図に，東京電力と原子力安全・保安院が隠していた活断層を描き入れたものだ。じつに納まりのよい位置にはまったものだ。今回の中越沖地震の震源断層に限りなく近いと思われる。

この太い線は，すでに2003年に東京電力が確認していたということだが，明らかにしたのは今月5日。すなわち，4年前に認めておきながら，東京電力と保安院は今まで黙っていたのだ。

7月16日の中越沖地震は，抹殺されたこの活断層がまさに自らの存在を誇示したもの，と見えてくる。活断層に変わって以下告発しよう。

公表しなかった2003年調査

12月5日，東京電力は，保安院の安全審査課のもとに設置されている耐震設計小委員会の審議会で重要な告白をした。

2003年に，従来の海底探査の資料を見直した結果，沖合いに長さ約20kmのF-B断層をはじめ計7本の活断層をあらためて認め，保安院に報告した。しかし見直しによっても耐震設計に変更は生じないことから公表はしなかった，というものだ。

F-B断層については，「7kmほどの長さであるが活断層ではない」というのが原発建設申請時点での東京電力の調査結果であった。審査委員，行政官庁はこれをもって妥当とした。

何を今さら？→活断層を認定していた？　どこかに証拠が残っているのか？／公表はしなかったが「報告した」→え？　どこへ？／耐震設計に影響（変更）は生じない？→ほんと？　見直しの動機・きっかけは何？　自発的？……

傍聴していた筆者は疑い深く聞いた。しかし，委員の質問はそうしたところには届かず，大きな疑問を残して終わった。

これまで活断層はないといってきた

この日の東京電力報告は，今回の地震後に行った海域活断層調査の暫定評価だ。柏崎刈羽原発の目の前，これまで活断層はないといってきた領域で地震が起こったため，東京電力の調査能力が問われていたのである。

暫定評価は，これに答えてとくにF-B断層に関してまとめたとのこと。冒頭，「南東傾斜の場合，延長するとF-B断層に一致しているのでは，と類推されているので，優先的に調査実施したもの」「南東傾斜だとも，F-B断層がその延長だとも，東京電力として確定したわけではない」と前置きしていた。

その中でさりげなく告白し，最後に今回の調査に関する暫定値として，2003年の再評価結果とほぼ同等の長さ約23km，沖合い約18.5km地点，マ

グニチュード7とまとめたのであった。

さてそうなると、たとえば東京大学地震研究所の纐纈一起氏らの提案する中越沖地震の震源断層と一致しそうだ。

纐纈氏のグループは、最近、震源断層の論争について南東傾斜の方に軍配を上げ、学会等で断層モデルを発表している。その上端もしくは延長が、F-B断層あたりに来ているのだ。

これをわかりやすく構成した新潟日報（9月16日）の図19によれば、36度の角度で原発直下にもぐりこみ、その最下端部は海岸線から7〜8kmの内陸部まで延び、ちょうど揺れの激しかった被害地区に一致する。

国会議員の追及

それから1週間後の12月12日、参議院議員会館で、この問題について超党派の議員によるヒアリングがあった。新潟出身の近藤正道参議院議員や保坂展人、川田龍平、金田誠一の各議員などが中心だ。保安院と原子力安全委員会を呼んだので、保安院は安全審査課課長補佐以下3人が出てきた。

この日わかったことは、やはり指示したのは保安院で、2002年7月に全原発に対して断層の見直しを求め、2003年6月に各原発から報告があった、というものだ。柏崎刈羽原発だけではなかったのである。他の原発でも告白が出てくるのではないだろうか。

しかし2003年といえば、東京電力による過去のひび割れ放置などが内部告発により発覚し、全国の原発の半分が点検のため停止し、電力会社と国の隠ぺい体質が大きな問題になった時期である。

その発覚の直前に保安院は指示を出していたわけだが、その根拠は、2000年に発表された地質調査所の論文に基づいて、活断層の長さや活断層としていなかった断層について、見直しをしてみよ、というものだったそうだ。その論文は、海底の音波探査に現われる特徴的な襞（褶曲など）から地下に隠れている活断層（伏在断層）を見つけ

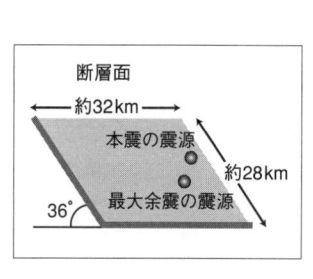

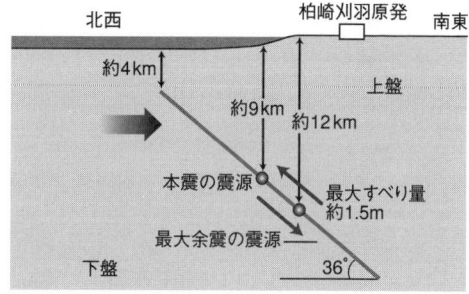

図19 「震源の断層」　南東傾斜の場合

第4章 柏崎刈羽原発の「震災」

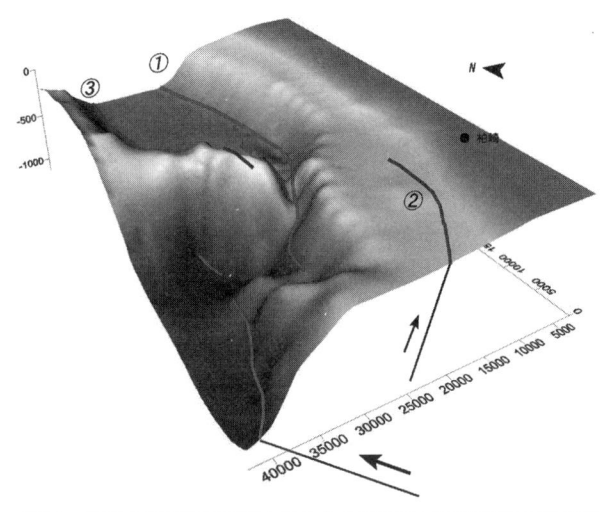

図20　東電の音波探査記録からわかる震源海域の活構造の模式図

る手法を整理したもので，特別新しい知見ではない。F-B断層も，1994年にはすでに地質調査所の文献に記載されている。

渡辺満久東洋大学教授らは，公開されている東京電力の許可申請書に掲載された音波探査結果をもとに，35〜50km長さの活断層が，沖合い15kmあたりに容易に推定できることを，すでに9月には指摘している（図20）。2000年より前，すなわち申請時点でも，東京電力が活断層を推定することはできたはずだ，とも語っている。

保安院は東京電力の再評価を抹殺

東京電力も保安院も，活断層が書き直されても耐震基準に変更を及ぼさないという結果になった，という理由で当時その報告を公表していない。保安院は安全審査課内部でとどめ，安全委にも報告していない，として当時公開しなかったことの非を断じて認めようとしない。

しかし，そんなものではないだろう。「やっぱり活断層だった（しかもマグニチュード7)」という東京電力の再評価を，保安院は抹殺してしまったのだ。

たとえば8月24日の同じ委員会で，専門的見解として，2人の委員に今回の地震に対する見解を求めている。報告者のひとり纐纈委員が，「断層面が南東傾斜だった場合は，申請時に発見され，活断層でないとされた断層地形と関連性がある可能性がある」とコメントした。この重要な発言に対して保安院は何もコメントしていない。

一方では，2003年当時自分たちはいなかったけれども，東京電力が約20kmの長さの活断層と見直したことは知っていた，ただし公表していないとは知らなかった，などと平然と言うのだった（12日，課長補佐）。

黙っていることも偽証では？

安全審査課というのは，その名のとおり原発の安全性を審査する課だ。耐震安全性もプルサーマルの安全性も。現在，浜岡3・4号機のバックチェック（耐震安全性の再確認）を一手に審議している課である。これから新指針に基づいて電力会社が出してくる既設炉の耐震性を次々と審査しなければならない。

また女川原発や志賀原発など，設計値を超える地震動が観測されるたびにその安全性を審議してきた担当でもある。したがって柏崎刈羽原発についてもこの5ヵ月間，彼らの目の前で震源断層探しの報告を求め，専門家による審議を展開させてきた。100人を超える傍聴者の前で……。

12日のヒアリングでは「各電力会社からの報告も出すように」と議員が求めても，「必ずしも文書では受けていない」「電力会社の了解が必要」「情報公開法にもとづく請求を」などとかわす。2時間ほどのやりとりの中でも黙秘であった。

翌日の参議院外交防衛委員会。

質問者「防衛省では不祥事が相次いでいるが」

首相「過去にも改革してきたが，実行できていない。防衛省全体をどうすべきか，原点に立ち返って再検討しなければならない」

福田総理殿，どうか経済産業省，原子力安全・保安院の再検討もお忘れなく。

原発を過大評価，自然を過小評価

最後に，本当に耐震強度には影響が及ばないのか，簡単に述べておこう。

彼らの隠ぺいがどのような深刻な事態をもたらすか。ここでも地震動の評価の問題に行き当たる。

まず，長さ約20kmという当時の判断だが，活断層として認識された長さは，地震を起こす断層の一部であって，地下でどのように広がっているか評価するのは，とくに海底では困難といわれている。地震発生後に解析した纐纈氏のモデルでは約32kmと見積もられた。

また，東京電力が活断層と認識を変えた後，原発サイトへの地震動の大きさを試算し直したはずだが，それは活断層を鉛直に立っていると想定したもので，今回の地震を引き起こしたと推定される震源断層のように，傾斜して原発直下にもぐりこむとは考えていない。

このような斜めに傾く断層の場合，

その上部の地盤（上盤）が断層を滑り上がる方向にずれるタイプを逆断層というが、逆断層では上盤がことのほか大きな揺れになると知られている。しかし、これまでの原発の耐震設計においては、そうした考慮はほとんどされていない。

そうした未熟さも相俟って、東京電力も保安院も幾重にも過ちを犯したことになるが、人間の製造した原発を過大評価し自然を過小評価する姿勢からは、到底今回のような被害は想定できるわけがない。

保安院自身が海底調査を実施

東京電力の告白のあった同じ席で、保安院は自ら海上音波探査を実施することを明らかにした。

まず、年度内に柏崎刈羽原発の周辺海域約500km²で3次元物理探査を行う。ただし保安院自らが実施する理由は、今回の地震だけが目的ではなく、既設炉に対して新耐震指針による各原発等の耐震安全性の見直しが今後予定されているので、これを「厳正に検証」するためだそうだ。

この報告は東京電力の「告白」の前だったから、ただ唐突で奇異に感じただけだった。しかし12日のヒアリングの後では、あまりにも話ができすぎていて、笑いも硬直してしまう。一言の反省も詫びもなかったばかりか、東京電力告白の席ではまるで保安院とは関係がないかのようにシラを切っていたのだから。

その日配られた保安院資料には「事業者による調査結果をチェックする観点から、必要に応じ実施する」とある。共犯、というより主犯とも言うべき保安院が活断層調査を実施すれば、信頼性はさぞ高まることだろう。

【32】柏崎刈羽原発を直撃したのは想定約4倍の揺れだった (2008/05/25)

2007年の中越沖地震の際に、柏崎刈羽発電所はいったいどのくらいの揺れに襲われたのか。10カ月をへてもなお不明としてきた東京電力は、このたびようやくその推定結果を明らかにした。

だが、「揺れの想定5倍に」「東電が耐震補強へ」「国内最大2280ガル」……この発表に対するマスコミ各社の見出しだ。またもだ。じつに余計な情報をくっつけて、目くらましを謀る。えっ、浜岡原発の2倍以上!? そんな補強できるんだ！……と思わせてしまう。

事実の報道を、と言われる。だがこれらはまだ事実にはなっていない。単

に想定して見せただけであり，目標に過ぎない。まんまと東京電力の宣伝の片棒を担がされてしまうのだ。

「新たな揺れ想定」とセットで発表

5月22日（2008年），中越沖地震による世界初の原発被災事故を審議している原子力安全・保安院の委員会で東京電力の長い報告があった。

地震を起こしたのはどの断層か。いったいどれだけの揺れに襲われたのか。なぜそのように大きな揺れになったのか。なぜそれが想定できなかったのか。

公表するべきは，まずそういうことだったはずだ。世論はその発表を，首を長くして待っていたのである。東京電力の推定では加速度で1699ガル，設計時想定の約4倍になったという。

しかし当日，東京電力の報告はそこにとどまらなかった。今回地質調査をやり直した。揺れの想定をやり直した。それは建設時の想定450ガルの約5倍，2280ガルとなった。したがって補強しますと。そこまで言った。

補強するということは，運転再開するということが前提ではないか。口に出してこそ言わなかったが，保安院の前でそこまで意思表示したことになる。

原発に限らないが，政府のやってきたことはいつもこうだ。原発の事故・不祥事然り。やっと露見しても，「悪いことだ。しかし安全性には影響がない」という余計な評価を必ずつけた上で発表するのだ。対策が手当てできるようになってからようやく表に出す。それまでは何のかんのと言って引き延ばす。

今回もまさにそうだった。むしろ規制する側であるはずの保安院のほうから指導して，巧みに焦点をそらすことに成功したのではないか。なぜなら審議会で保安院は，東京電力が用意したそのすべての報告を全うする時間を保証し，質疑・審議の時間をほとんど設けなかった。

誰にも疑問をさしはさむ余地を与えずに，分厚い既成事実を机上に置いて審議会は終わってしまった。もちろんこれからおそらく延々と審議を重ねていくのだろう。しかし，次回はいったい何日だ？　いつもながらいまいましい。

待たれていた数値，それは1699ガル

これが，今回の発表の中で最も重要な数値。柏崎刈羽原発がどんな揺れに襲われたかを示すものだ。そして，これと比較すべき設計時の想定値（基準地震動）は450ガルであった。

$1699 \div 450 = 3.776$

東京電力の設計は約4倍もはずれていたことを，ついに白状したのである。

したがって22日の報道は「設計値450ガルの4倍近い揺れ」「1699ガルが直撃」「1.7Gの恐怖」などとすべきであった。

第4章 柏崎刈羽原発の「震災」

　これは穏やかではない。なぜなら設計時に想定された揺れの大きさというのは，こと原発に関する限り限界値であって，それ以上の大きな揺れに襲われることはまずあり得ない，と国や電力会社は主張してきたからだ。なかなか発表したがらなかった理由がわかろう。

　当初，設計値を超えたと大きく報道されたのは，原発の建物内の揺れであって，観測値680ガル対設計値273ガル，すなわち約2.5倍という数値であった。これでも相当なショックであったに違いない。

埋め込み効果で助かった！
4割に減衰？

　ことは柏崎刈羽原発だけの問題ではない。設計時の揺れの想定は，原発のサイトごとに異なる。全国で最も大きい想定がされたのは中部電力浜岡原発で600ガルであった。それをもはるかに凌ぐ1699ガル。最も小さい想定では180ガル。その差は10倍近い！

　だからこそ必死で分析したのであろう。今回ようやく公表された解析結果を前提に語るとすれば，柏崎刈羽原発は1699ガルの揺れに襲われ，その結果1号機の建屋基礎版の場合680ガルが観測された，ということになる。

　これはまたずいぶんと減衰したものだ。東京電力の解説によると「建物が地盤に埋め込まれている影響により」減衰したのだそうだ。そして埋め込みの深さ45mとしてある。

　そうしてこれらの原因を探り，図21のような結論を導き出した。要因1, 2, 3と3段階で増幅していったものとした。その後，上部表層地盤内で減衰した，というストーリーだ。

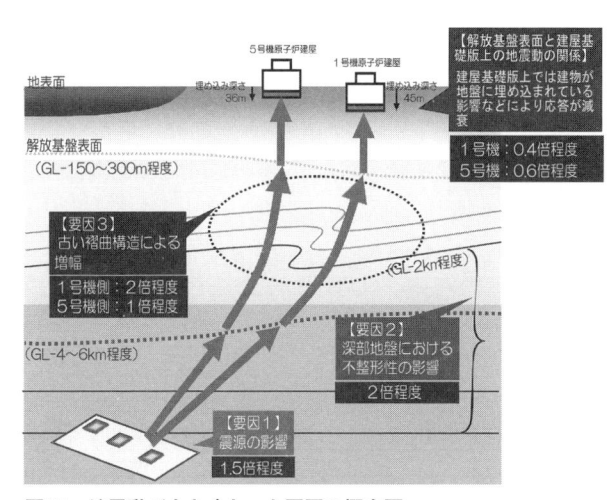

図21　地震動が大きくなった要因の概念図

4. 新潟県中越沖地震時の各号機解放基盤表面における地震動の推定

■ 1号機から7号機で観測された地震観測記録に基づき、設計時の解放基盤表面と原子炉建屋基礎版上の関係を参照して、解放基盤表面における地震動の推定を実施した。
■ 本震時には原子炉建屋周辺の地震計で地中の記録が得られていないこと、建屋と地盤が大きく揺れた影響が含まれていること等の条件を考慮して、各号機の計算結果が原子炉建屋基礎版上の観測記録と整合するよう地盤の応答解析を実施した。

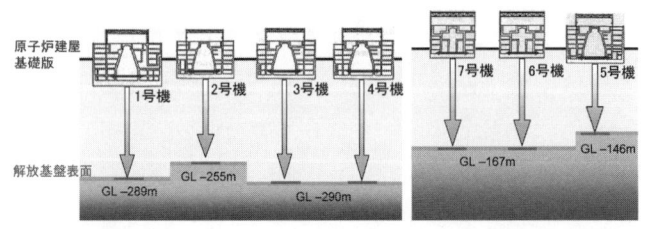

数値は水平(東西)の値	1号機	2号機	3号機	4号機	5号機	6号機	7号機
原子炉建屋基礎版上での観測記録(Gal)	680	606	384	492	442	322	356
推定された解放基盤表面での加速度(Gal)	1,699	1,011	1,113	1,478	766	539	613
旧指針の基準地震動(S₁:450Gal)に対する倍率	2.3〜3.8				1.2〜1.7		

図22　中越沖地震時の各号機解放基盤表面における地震動の推定

ここでは他の原発にできるだけ影響を及ぼさないように、精一杯この地に特有の要因を求めようと試みている。しかしその要因のひとつひとつは、決してこの地に限定できず、同類の地質構造をもつ地点はいくらもありそうだ。

柏崎刈羽原発ではこの間、必死で地質構造の調査が重ねられてきた。陸域・海域とも対象にされ、国の審議会にも再三提示されてきた。他の原発サイトではまだそこまでやられてはいない。建物の埋め込みも10m前後だ。おそらく45mなどという原発のほうが少ないだろう。

号機ごとに異なる揺れを推定

ところで、解析結果によれば1699ガルの揺れが減衰して建屋内では680ガルになったということになるが、東京電力はじつは観測値680ガルから1699ガルを逆算したのである。したがって2〜7号機においても同様に逆算して、それぞれの原子炉建屋を襲った揺れの大きさをはじき出した。その結果が図22にまとめてある。表の上段が建屋内の観測値、下段が逆算による地下の揺れの値だ。ずいぶんと大きくばらついているが、そもそも解析のもとになる観測値がばらついているのだ。しかし、設計の時点では全部一律に450ガルとされていたのである。

同一の地震に対して、隣りあう地点で、隣りあう原発でこれだけのバラエティ。振動・波動というのはその伝わる媒質によって、また干渉によってさ

まざまに変化する。
　さあ他の原発はどうか。
　まずは東京電力の解析が正しいのか，その検証がしっかりなされなければならない。

【33】裁かれるべき時が来た (2008/05/30)

　想定の4倍近い加速度の見積り違いが判明した柏崎刈羽原発。これは〈耐震偽装〉もしくは〈詐欺〉ではないのか。原子炉の設置許可取り消しを求める行政訴訟も最高裁で係争中，司法は威信をかけて判断すべきだろう。

設計時の知見では正しかった!?

　「想定外の揺れに襲われた」と言われた柏崎刈羽原発，いったいどれだけ超えられたのか。去る5月22日（2008年）ようやく発表された分析結果によれば，想定450ガルに対して1699ガルとのことであった。
　原発設計の最大想定地震動が450ガルとはずいぶん小さいのでは，と思うかもしれない。これは地表面での揺れではない。
　通常，地表面は軟らかい堆積物などにより地震の揺れは増幅すると考えられている。逆に地下の岩盤では地表の2～3分の1くらいしか揺れないものとされ，とくに原発関係ではその点が強調されてきた。450ガルということは，地表での900～1350ガル程度に相当すると説明されてきたのである。
　こうして改訂前の耐震指針では，原発は直接岩盤に設置することとなっていた。その岩盤は一定レベルの固さをもつことが要求されるので，その深さは原発サイトごとに異なる。
　東京電力はこうした分析に続けて，新たに見直した想定（これが2280ガル）を臆面もなく試算してみせた上，「今後の対応」と称して耐震補強するなどと報告した。
　しかし，ちょっと待ってほしい。
　東京電力が原発の設置許可申請をした1975年3月，サイトに想定される揺れは最大で450ガル，これを超えることはないとしていた。また国がこれを許可したのは1977年9月1日，震災の日だった。
　「450ガルを超えることはない」として申請し許可されたものに，4倍近い見積り違いが判明した。これは偽装か詐欺ではないのか。遊園地で50人乗りと言って営業してきた遊具が，じつは計算間違いをして15人の強度で設計していたとしたら，たとえ事故が起こらなかったとしても結果的に暴利

をむさぼったことになる。

同じく東京電力は計算間違いによって，膨大な不当利益を享受したことになるではないか。意図的か否かを問わず，少なくとも不法行為ではないのか。許可した国の責任はさらに重い。

ここで東京電力や国の言い分は，当時の知見では正しかった，「間違い」ではなかった，というものだ。間違いと知らず間違えたからといって無罪放免とはいえないと思うが，柏崎刈羽原発については，当時から間違いを指摘する専門家もいたということが判明している。しかもその専門家とは，国の審査委員であった。

地元紙が暴く31年前の審査経緯

その審査会の議事録を，国はなくしてしまう――例によって証拠隠滅ではないか。結局，東京電力の倉庫からコピーが見つかったとされている。

こうした事実を洗い出したのは新潟日報の取材班。記事は「突然の辞意 断層権威の警告無視」の見出しで今年（2008年）元旦の紙面トップに掲載された。

「これほどの激震に襲われた場所になぜ，原子炉の設置が許可されたのか」との疑問を抱え，31年前の安全審査を追い，8回の連載を組んだ（「揺らぐ安全神話第4部　はがれたベール　2008年1月1〜9日」）。

「1号機の安全審査書では，気比ノ宮断層で起きる可能性があるマグニチュード6.9の地震を考慮することが妥当と結論付けられた。

審査書には松田の主張が結論とは関係のないただし書きという形で残された。『気比ノ宮断層の北北東に同一の断層系に属する別の断層が配列する可能性は否定できない』。松田にとっては事実上，無視されたのと同じだ。

松田の見解は82年にまとまった2・5号機の設置審査でも『一連の断層と考える必要はない』と否定された後，残りの号機の審査書では記述すら消された」

これでは公文書偽造にもなろう。

気比ノ宮断層の北北東に配列する断層を，東京電力は，気比ノ宮断層のさらに南の片貝断層まで含めて長さ91km，マグニチュード8.1の「長岡平野西縁断層帯」として，今回の見直しでようやく考慮した。

設計値450ガルと比較すべき想定外の値がようやく公表された今，これまであちこちでくすぶっていた国の責任に対する大きな疑いが，ここへ来て一気に燃え上がる気配を感じる。原発の〈耐震偽装〉といってもいい。

司法よ，お前もか

折から柏崎刈羽1号機の行政訴訟が最高裁で係争中だ。1，2審とも敗訴した原告住民側が2005年12月3日に上告したもの。まだ弁論の再開は決ま

っていない。しかし，ここで法的判断を示さなければ，最高裁の，司法の，存在意義は消え去ってしまうだろう。

しかし，再び新潟日報によれば，到底期待はできそうにない。4月26日から5月4日まで連載された「揺らぐ安全神話第6部　断層からの異議」は，柏崎刈羽1号機行政訴訟の経過を追う。

「最高裁事務総局が柏崎刈羽訴訟一審判決が出る3年前，1991年にまとめた『行政事件担当裁判官会同概要集録』。そこにはこんな項目があった『原発などの安全性の審理方法をどう考えるべきか』。

そして次のような"見解"が記されていた。『裁判所は，高度な専門技術的知識のあるスタッフを持つ行政庁のした判断を一応，尊重して審査に当たるべきである』」（2008年5月4日掲載）

「べきである」ときた。記事は，下級審に対する最高裁からのプレッシャーを証言する元裁判官らのことばも紹介している。この連載第6部はまだWEB版には登場していない。司法だけはいまだに聖域ということだろうか。この意欲的な連載を応援すると同時に，WEB版への掲載を強く希望する。

〈追記〉その後WEB版にも掲載され，さらに単行本『原発と地震——柏崎刈羽「震度7」の警告』（講談社）として発刊された。

【34】浜岡原発もアブナイ，直下に巨大な凸レンズ (2008/06/13)

今回判明した想定の4倍という推定値は，柏崎刈羽原発1号機における地震動（揺れ）の強さで，これは全7機の中でも突出している。

なぜ原発が，そしてとくに1号機なのか。東京電力の分析はそうした理由を解明したものとして提起された。今後さまざまな場で検証が進められる。まず6月6日に行われた原子力安全・保安院の部会での審議を参考に，これまでに判明した恐るべき内容を紹介しよう。

異常増幅の3つの理由

東京電力の分析による増幅の要因は次の3通り（図21参照）。

1. 震源
2. 深部不整形地盤の影響
3. 古い褶曲構造

だが，それ以前に，そもそも東京電力が活断層調査において判断を誤り，今回の震源断層はもとより，地震動を想定する際に考慮すべき活断層を正しく認定していなかった，という大きな

過ちがある（この点については【35】参照）。

今回の発表にあたって東京電力は，中越沖地震の震源断層を，海域のF-B断層であるとした（F-B断層については【31】参照）。

そのとおり同断層が破壊したものだったとしても，その形状や大きさ，エネルギーなどについてやはり見積り違いが生じているのであろう。発生した地震波の強さを通常想定の5割増しくらいにしなければ，結果が合わないのだそうだ。これが上記要因の1（震源）である。

ここではその点も横へおいて，断層破壊開始後「地震波が伝播していく中で増幅した」とする要因2と3に論点を絞る。保安院の部会で東京電力がくわしく説明した点である。

地下に隠れた増幅装置が潜んでいた

増幅に大きく寄与したのは，原発サイトの地盤が深さ5～6km以浅で大きくうねっていて，レンズのように地震波を屈折させた結果だとしている。レンズでも凹レンズであれば地震波は広がり分散するが，凸レンズであれば地震波を集めてしまう。

とくに約2kmの深さより上部の地層構造の解析によれば，よりによって1号機が，ちょうどレンズの焦点のような，最も地震動（揺れ）が強まる位置に建設されていたことになるという。

片や，かなり離れた5～7号機（刈羽村）は，焦点から少しずれていたために，1～4号機（柏崎市）の半分程度の地震動で収まったとした。

図23の（3）は，5号機を通る断面と1号機を通る断面についてのあるシミュレーション結果である。周期0.6秒のパルス波を左下方から発信したもので（図23の（2）），1号機ではK1の頂点，5号機ではK5とKSHの間が強い揺れを示している。みごとな集中である（「KSH」とあるのは，5号機の側にある柏崎刈羽原発のサービスホール）。

この地域は中越地震や中越沖地震後「歪（ひずみ）集中帯」であることがたびたび指摘されている。原発敷地内にも，向斜軸と背斜軸が並行して通っている。背斜・向斜とは地層がうねっている場合に，地層内の尾根と谷筋を称す。図23の（1）は，図23の（3）の2つの断面を示したもので向斜軸に直交するように設定している。解析結果は刈羽側にも集中部を示しており，向斜軸に沿って強い地震波が達することが示された。

クロスチェックの結果もあとづけ

ところで保安院は，第三者によるクロスチェックとして，独立行政法人原子力安全基盤機構（JNES）に同じ分析を委託している。

JNESは，深さ8km前後までの深部

第4章　柏崎刈羽原発の「震災」

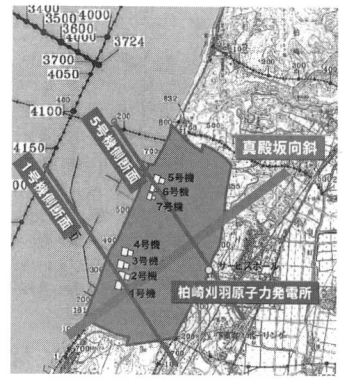

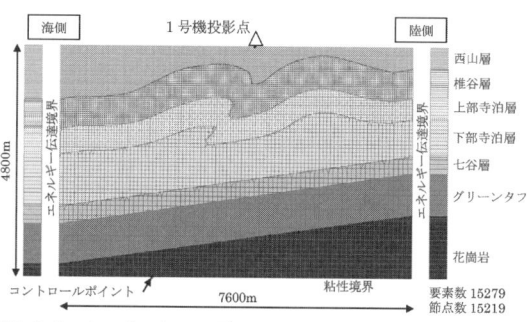

(1) 解析用の2つの断面の位置

(2) シミュレーション・モデル

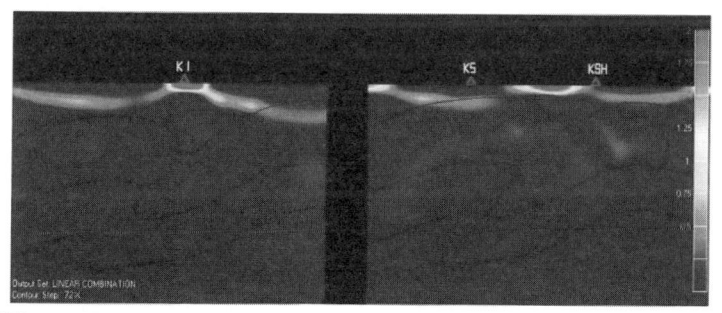

(3) 地震基盤からの波動伝播結果　1号機側断面　　　　　　　　　5号機側断面

図23　2次元不整形地盤モデルによる地盤応答解析

の構造について，各種データ（石油公団基礎試錐報告書をはじめ約190本のボーリングデータを収集。柏崎刈羽原発申請書等東京電力の公開資料も活用したが，東京電力が今回新たに行った未公開の詳細調査結果は入手していないという）や地質図をもとに推定，さらに中越沖地震の余震記録から，各地層の弾性波速度（地震波の伝わる速度）を求めたという。

その結果，数km厚の厚い堆積層（堆積岩）が存在すること，またそれらが褶曲していると推定されることを明らかにした。

次にそのような構造をもつ地盤モデルに，中越沖地震の震源断層を模擬した地震波を発してシミュレートした結果，やはり大きな増幅効果が得られ，かつ速度（加速度ではない）で柏崎側約7倍，刈羽側約3倍と，同じサイト内でも異なる結果となり得ることをはじき出した。

ここで震源というのは本震の震源ではなく，とくに強い地震波を出す3つ

目の固着域（「アスペリティー」という。【26】の図13参照）で，そこを新たな点震源とする地震波が，上部へ伝わるに従って，鋭いピークをもつパルス波に成長することを示した。とくに弾性波速度が急激に変わるような地層境界において，顕著に増幅するという。

浜岡原発もアブナイ!!

さて，そうなるとこれは柏崎刈羽原発に限らず，同様の地下構造をもつところであれば起こり得るということだ。

真っ先に頭に浮かんだのは中部電力の浜岡原発だ。浜岡原発のある御前崎地域は，柏崎刈羽と同様に褶曲を繰り返しており，2号機と3号機の間には海岸線に直交して向斜軸が走っている。早速，中部電力の設置許可申請書を調べたところ，1～5号機を包み込むように，直下に巨大な凸レンズがはめ込まれている。2号機か3号機あたりがレンズの中心という位置関係だ。その厚さ約1.5km（図24）。それより下も，1980年に，中部電力が人工地震を起こして深さ5kmほどまで調査してい

る。それによると柏崎刈羽と同じような傾向がうかがえる。

空恐ろしいものを見てしまった。が，これだけでは定量的なことはわからない。柏崎刈羽で実際に4倍という結果になったとしても，それは震源との位置関係や増幅・減衰の累積の結果であって，それらが変われればさらに大きくもなるし，逆に小さくなることもあるだろう。どんな地震の場合にも1号機に集中するというわけではない。

しかし，浜岡原発の場合は，想定されているのはマグニチュード8クラスという巨大地震であり，その震源断層は原発の直下15km前後の位置に，緩く傾斜して広がっている。伊豆・富士を除く静岡県の直下にデンと位置し，その面積は静岡県全域に匹敵する（第5章【47】参照）。その壮大な地震断層がすべて割れて四方八方から地震波がやってくるのだから，向斜軸に沿って必ず増幅域ができるのではないか。また柏崎刈羽原発では，地表近くでは半分以下に減衰して，1号機の場合，原子炉のある建屋では1700ガル→680ガル，設計時予測（273ガル）の2.5倍

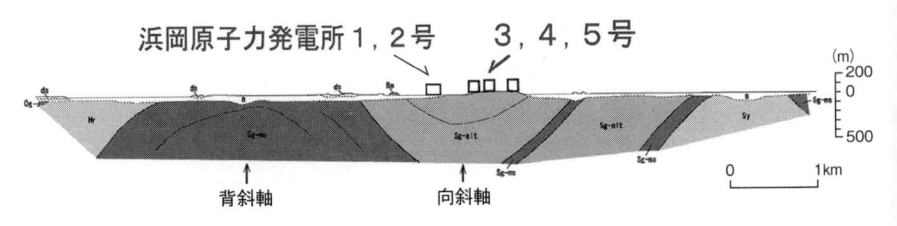

図24 浜岡原発の向斜軸断面図

程度に収まったというが，浜岡では1割程度しか減衰しないとされる。

想定東海地震の際には，どこからみても柏崎刈羽1号より強い波が襲ってくることは間違いなさそうである。至急，JNESに地下構造を解析させてほしいものだ。

原発における揺れ（地震動）の表わし方

いろんな数値が入り混じって混乱すると思うので，ここで少し整理しておこう。

加速度にしろ速度にしろ，地震波は場所によって強さが変わるので，相互に比較するためには基準の場所を定めておかなければならない。ここでは2種類紹介する。

1. 解放基盤表面

地下の岩盤の揺れのこと。柏崎刈羽1号機の推定1700ガルというのは，1号機地下の岩盤での値である。

原発の建設では「解放基盤表面」という仮想的な岩盤上面を想定して，そこへ入って来ることが想定される地震波のうち，最強の大きさに応じて設計することになっている。

その面をどこに取るかは一定の固さをもつ岩盤上面で定める。固さの指標として岩盤内を伝わる地震波の速度（ただし横波S波）で毎秒700m程度と定められている。S波もP波も岩盤が固いほど速く伝わる。柏崎刈羽原発の場合，この解放基盤表面における設計用の想定（設計用基準地震動）が450ガル。浜岡原発は600ガルという全国一強い揺れが想定された（第1章【9】図2参照）。

なお柏崎刈羽原発の解放基盤表面の深さは，号機ごとに異なる。具体的には【32】の図22参照。

2. 最大加速度応答値

原発（建物）の揺れのこと。地震波が建物など構築物に達したときに，その構築物の揺れ方には個性が表われる。これを応答といい，最大加速度で表わしたときに「最大加速度応答値」という。これも通常上階へ行くほど大きくなるので，原発では炉心を抱える原子炉建屋の最下階，基礎マット（基礎版と称す）での応答を基準とする。1号機の680ガルというのは，基礎版での最大加速度応答値である。

整理すると，「解放基盤表面」で最大450ガルと想定され，原子炉建屋基礎板で273ガルの応答として設計しておけば十分とされた1号機では，中越沖地震によって「解放基盤表面」で推定1700ガルの地震波に襲われ，原子炉建屋基礎版で680ガルが観測された，ということである（これにより，入力で約4倍，応答で2.5倍も想定がはずれたということになる）。

補強も限界

浜岡原発の設計時想定は地下岩盤で600ガルであった。仮に想定東海地震

による浜岡サイトの揺れが，中越沖地震と同等の1700ガルですんだと仮定しても，原子炉建屋に入る地震波は1割程度しか減衰しないから，1500ガル強となる。中部電力は耐震指針改訂を先取りして補強工事をし，1040ガルに耐えると称している。が，これでは間に合わないではないか。

じつは「耐震補強工事」というのは，背伸びをしたいっぱいいっぱいの限界と思っていい（そもそも原発の補強がナンセンスであることは言をまたないが，ここでは百歩譲って，また，実物ではなく，机上の，解析上の話として）。つまり，設計上の強度は機器・配管ごとにさまざまであって，そのうちの最も弱い部分が限界を規定する。それは，中部電力の報告書から十分読み取れる。

今回，柏崎刈羽原発では，原子炉建屋への入力が観測値で680ガルだ。これを1000ガルに耐えるように補強すると，勝手に東京電力が発表した。中部電力の補強も約1000ガル。ということは，およそ1000ガル程度が実際に原発に可能な「補強限界」ということであろう。そうしてその限界を超えて揺すられれば，弱い部分から順に破損して，ついには心臓部に打撃を与えることになる。

ここまで見事に，自然は警告を発してくれたのか！　浜岡原発の風下200kmほどに位置する霞が関・永田町の住人は，今度こそ自分たちに降りそそぐ原発震災の放射能の行方から，目をそらすわけにはいくまい。

【35】既設の原発等に活断層の存在が浮上 (2008/07/15)

数十年にわたって，原子力発電所の設置許可審査において，公然と認められてきた活断層の過小評価や抹殺。中越沖地震の震源断層からの「異議申立」を受けたかのように，各地の原子力施設で「活断層の復活・復権」が続く。

柏崎刈羽原発では，東京電力がかつて短いといった「F-B断層」をついに34kmまで伸ばした。島根原発でも10kmといってきた宍道断層を22kmまで伸ばした。

伸びる伸びる「活断層」

まもなく中越沖地震から1年がめぐってくる。この地震は，なかなか震源断層（地震を起こした断層）が特定できなかった特異なケースであった。地震発生から半年後の2008年1月11日，地震調査研究推進本部（推本）がひとまず見解を発表して，政府としての震源断層の特定にピリオドが打たれた。

第4章　柏崎刈羽原発の「震災」

それによると一枚板ではなく，複雑な構造をしている。

　一方，原子力施設の耐震問題としては，従来知られていた活断層のうちのどれが動いて震源断層となったのか，それとも未知の断層だったのかが注目のひとつなのだが，これがいまだに判然としない。

　東京電力では，昨年来問題とされていた海域の活断層「F-B断層」が震源断層であったと結論づけた。ところが原子力安全・保安院はいまだに煮え切らない。震源断層は推本の言うとおりとするのだが，「F-B断層」がそれだとは決して言わない。慎重を期すのは，何らかの読みがあってのことなのだろうが，それもまた見えてこない。

　「F-B断層」については，東京電力では長さ7～8kmであるが活断層ではないと否定して設置許可申請し，その後，2003年になって長さ約20kmの活断層と見直したものの，設計強度に影響はないとして公表もしなかった。昨年末になってはじめてこの事実を告白して問題になった（【31】参照）。

　その後である。わずか半年の間に，この活断層は東京電力によって長さ23kmから，30km，約34kmと「成長」し，かつ中越沖地震の震源断層と認定されるに至ったのである。

　長さが伸びたのは，保安院の下で開催されている耐震設計小委員会の作業部会で，専門委員の指摘を受け，修正を繰り返したからである。海上音波探

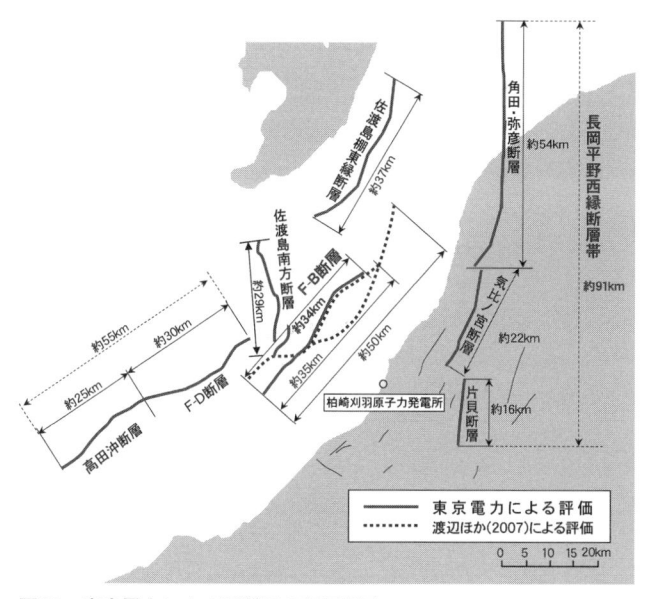

図25　東京電力による活断層の評価結果

査の生データなども提供し，その判読自体にも専門委員らの見解を仰いだ結果である。

これらの審議を傍聴して実感した，指針改訂最終段階（2006年夏）以後のこの2年間の「国」の委員会の様変わりとその中のドラマを紹介したい。これまた柏崎刈羽原発「震災」のもたらした影響の一つである。

変動地形学の視点

まず委員の顔ぶれの変わりようである。活断層評価に関する限り，変動地形学の専門家が大幅に起用された。変動地形学とは，これまでの（たぶん原子力村に特有の）土木学会による評価手法（リニアメント調査・判読）に基づいた，静的に変位地形を捉える手法ではなく，今ここにある地形から，その成り立ちを探り，活きて変動しつつある姿として捉えようという地形学である。

昨年（2007年）9月，122人の設立発起人により「日本活断層学会」が設立された。この発起人に名を連ねる学者が多数，保安院や原子力安全委員会の専門委員として登場，変動地形学的視点で活発に意見を述べている。

2003年の活断層見直しとは，じつは北海道電力の泊原発の安全審査においてこの変動地形学的評価を取り入れたことから，既設の原子力施設に対しても保安院が見直しを推奨したものらしい。「新しい知見」が発表されたから，というような言い訳を保安院はしているが，すでに1980年には変動地形学的評価は常識となっていたとされ，単に原子力の世界において抹殺されていたに過ぎないと，変動地形学者たちは反論している。

それやこれや表に出るようになったのは，島根原発3号機増設における活断層長さの議論が発端といえよう。中国電力がそこまでは活断層は伸びていないとしていた地点のすぐ近くに，トレンチといって直接地下に大穴を掘って露頭を作り出し，そこに明白な活断層（地層のずれ）をあぶり出した変動地形学者がいたのである。この繰り返しにより，中国電力は長さ10kmとしていた宍道断層を少しずつ伸ばしていった（図26）。

変動地形学によると，地表に現われた活断層の長さがわずかであっても，その周辺の地形，たとえば川筋や丘が一様にずれているとか，露頭の地層が波打っているなどのわずかな徴しからその地下に活動的な断層の存在を認めるのである。時には地表にまったく活断層が現われていないこともあるし，短くてもいくつもの活断層が連動して活動し，大きな地震を起こすこともももはや常識である（図27）。また陸に限らず，海底においても同様の判読は有効であるという。

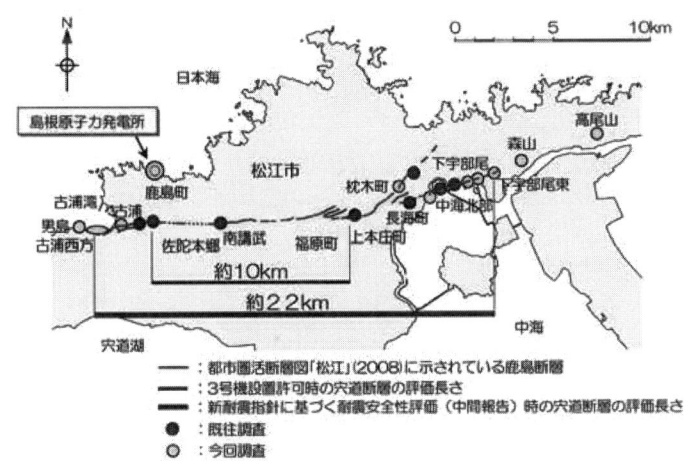

図26　宍道断層に係る地質調査および評価

原子力施設周辺で続々と活断層発見

島根において明白な断層を掘り当てた学者グループは、中国電力が活断層調査の手がかりとしたリニアメントは断層線からずれており、いくらそんなところを掘っても活断層を掘り当てることはできない、と手厳しく批判する。

彼らはこの経験から、原子力の世界においてこれほどの誤謬を犯していたとは、と発奮して次々と無視されてきた活断層の復権に成果を上げ、今や大忙しである。

柏崎刈羽原発では、東京電力が建設申請時に提出した同原発前面海域の海底地形をもって、長さ30km前後の活断層3本が明白に確認できると、中越沖地震後直ちに指摘していた。

「F-B断層」の長さについてもおよそ50km程度とし、34kmでもまだ足りないと今なお主張、保安院でも最終決着はついていない。

また、福井県敦賀半島に位置する日本原電敦賀原発の敷地に沿って走る断層を活断層と認定し、事業者の誤りと歪曲を糾弾している。この断層は高速増殖炉「もんじゅ」と関西電力美浜原発にも関係してくる。ここでも島根と同様、事業者らは活断層がないことが明らかな地点を掘っていた、と手厳しい。事業者は修正のやむなきに至っている。

原発ばかりではない。青森県六ヶ所再処理工場直下に向かって活断層が伸びている疑いを、核燃料サイクル周辺の地形調査から指摘し、5月末学会で発表した。これが下北半島の沖合いを南北に伸びる長さ約85kmの長大な海底断層「大陸棚外縁断層」とつなが

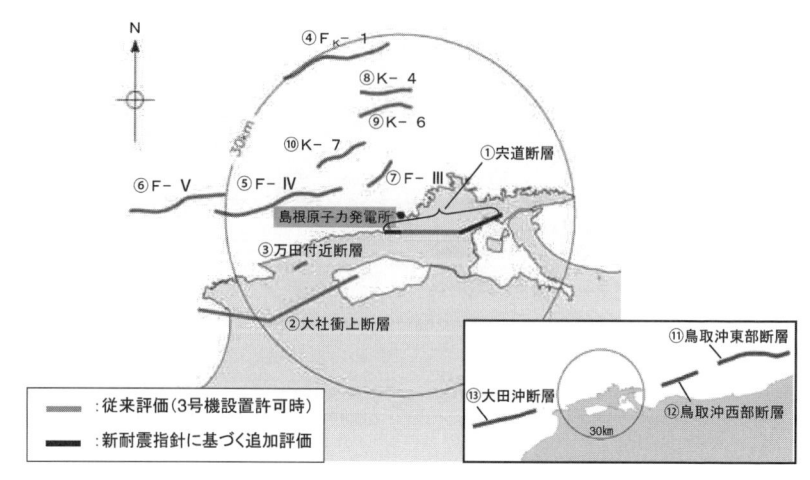

図27 敷地周辺の断層評価

る恐れに言及し、その場合には総長約100km、マグニチュード8級の地震を想定しなければならなくなるとする（図28）。事業者日本原燃は、海底断層は古い断層で原子力の耐震指針で規定する「活」断層ではない、と今のところ正面から反論している。

まだある。耐震指針が改訂されて後、はじめて設置許可が下された大間原発にも異議を唱えたのである。こちらは下北半島の西側海域で、変動地形学的に見れば明らかに活断層の存在がうかがわれるとする。

この最後のケースは、保安院以上に安全委の面目丸つぶれである。しかもこの指摘は安全委のもとで指針改訂作業を継続中の「活断層等に関する安全審査の手引き」検討委員会において、その委員の一人である中田高広島工業大学教授から提起された。

科学「悪用」への怒り

この中田教授こそ、島根の活断層を掘り当てた本人であり、その経験をもって、2年前の指針改訂最終段階のパブリックコメントに意見を寄せた。従来行われてきた活断層調査・判定の誤りを、変動地形学的知見から指摘したものである。この意見を最も深刻に受け止めたのが、指針改訂検討会委員であった石橋克彦神戸大学教授だった。

しかし、中田教授らの意見も石橋委員の提言も受け入れることなく改訂は完了され、その直前に石橋委員は「これでは責任が持てない」として抗議の辞任をしたのであった（第2章【14】参照）。

中田教授を安全委員会の専門委員に迎えたのはその後であり、それなり安

第4章　柏崎刈羽原発の「震災」

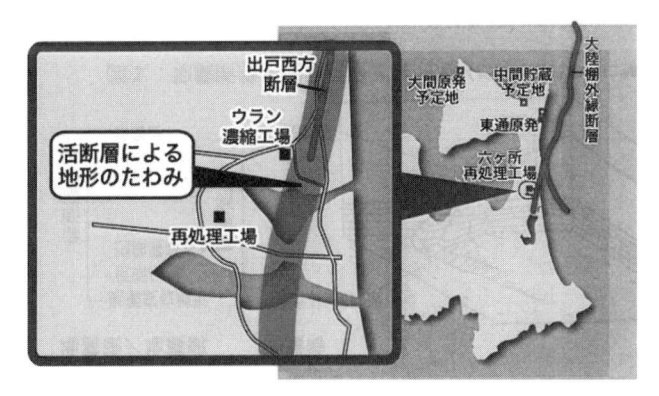

図28　六ヶ所核燃料サイクル施設と活断層地形

　全委としての「反省」を示したものだったかもしれない。指針改訂の際にパブリックコメントに意見を寄せたのは3人の変動地形学者であったが、もう1人も起用されている。

　残る1人は東洋大学の渡辺満久教授であるが、再処理工場直下の活断層について発表したのは、同教授である。

　上述のとおり次々と活断層復活を成し遂げているのは、そのときの3人である。

　これだけ羅列されると、あたかも原発に反対する立場からの活断層復活劇と思われるかもしれない。しかし島根のトレンチ調査の頃、原発反対派は嫌いだといって会ってもらえなかったという市民もいるし、何より原発の必要性は認めているのだそうだ。ただ、あまりにも欺瞞の審査がなされていることに対する怒りから、科学者として義憤を感じての行動であるという。

　今日、学者もまた社会から信用されてはいない。活断層の復権は、学者や国の審査の復権につながるだろうか。

　中田教授らは、島根原発審査における過ちを繰り返さないために、審査する側に身を置く専門家の責任について現在鋭く突いている。安全委はこれを受けて、活断層調査のみではなく原子力の安全審査全体にわたる何らかの改善を図ると約束した。

　だが、そもそも専門家がどのようにして選出されているのか。その後の審議等の公開にいくら配慮されても、これでは透明性は全うできない。

　〈追記〉安全委ではこの後、中田委員も迎え「安全審査における専門性・中立性・透明性に関する懇談会」を設置して検討、2009年5月審査委員の自己申告制度を設けた。ただし2011年秋指摘されるまで公開を怠っていた。

【36】どうする？「活断層」の上に作ってしまった原発 (2008/08/22)

「原発を活断層の上には作らない」としてきた経済産業省。ところが，この大前提が消滅しようとしている。より安全に，をめざして耐震設計審査指針を改訂したばかりなのに，より危険な方向へと向かおうしている。はたしてこれでいいのか……。

先に書いたとおり，最近，既設の原発近傍で活断層の長さの見直しや死断層の復活などが続々浮上している。総じて活断層の数が増えた。活断層がないとされていたところに，たくさん現われてきたのだ。

そうだ，活断層はないということだった，原発の近くには——。あれは嘘だったのか。

「原発は活断層のないところに建てている」「活断層がないことを確認して建てている」と，阪神・淡路大震災の後，電力会社も国もさんざん宣伝していたではないか。ほんとうはわかっていて隠したのか，それとも当時の知見や技術ではわからなかったのか。

「活断層を避ける」

それはともかく，現在の混乱ぶりをまずご紹介しよう。

「活断層の上には建てていません」
「直下に地震の原因となる活断層がないことを確認しています」

中越沖地震で柏崎刈羽原発が派手に被災した後も，東京電力はそうホームページに出していた。しかし，さすがに今年に入ってから引っ込めた。

中部電力ではいまだに次のように明記している。

「原子力発電所の建設用地を決める際には，徹底した地質調査を行い地震の原因となる活断層を避けています。文献調査や空中写真による調査等を行って活断層を避け，地質調査やボーリング調査などにより活断層のないことを確認しています」（中部電力ホームページ）

これはこれでまたおかしい。活断層というのは，地震を起こした震源断層のことで，今後も地震を起こすと想定される活きた断層だ。何のために原発の建設の際に活断層を避けるかといえば，「大きな事故の誘因にならないように」（立地審査指針）なのである。

中部電力，東京電力の言うように「地震の原因となる活断層」を避けるというのであれば，東海地震の原因となる震源断層だって避けるのでなければ首尾一貫しないではないか。中部電力は巨大な震源断層の真上に浜岡原発を5機も建てた。

一方，いつ頃からか，次のように表記している電力会社もある。

「原子力発電所をつくる際には，敷

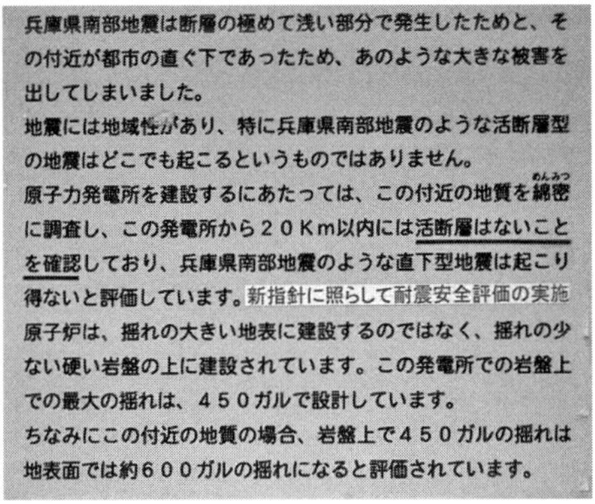

第4章　柏崎刈羽原発の「震災」

> 兵庫県南部地震は断層の極めて浅い部分で発生したためと、その付近が都市の直ぐ下であったため、あのような大きな被害を出してしまいました。
> 地震には地域性があり、特に兵庫県南部地震のような活断層型の地震はどこでも起こるというものではありません。
> 原子力発電所を建設するにあたっては、この付近の地質を綿密に調査し、この発電所から２０Ｋｍ以内には<u>活断層はないこと</u>を確認しており、兵庫県南部地震のような<u>直下型地震は起こり得ない</u>と評価しています。<u>新指針に照らして耐震安全評価の実施</u>
> 原子炉は、揺れの大きい地表に建設するのではなく、揺れの少ない硬い岩盤の上に建設されています。この発電所での岩盤上での最大の揺れは、４５０ガルで設計しています。
> ちなみにこの付近の地質の場合、岩盤上で４５０ガルの揺れは地表面では約６００ガルの揺れになると評価されています。

図29　東京電力の従来の説明
　　　（柏崎刈羽原発のPR館）
改定が必要な箇所に傍線と注がある。
07.11.4　荒木祥撮影

地の地質，活断層，過去に発生した地震などを詳細に調査しています。それらをもとに，考えられる最大級の地震に対しても安全機能が損なわれることがないよう設計しています」（関西電力）

ここには「活断層を避ける」とはひとことも書いていない。言外に，「どんな活断層があっても耐えられるように設計する」と表明しているのだ。

原子力施設の安全規制を司る原子力安全・保安院に聞くと，関西電力と同様の答えが返ってくる。そればかりではない。去る（2008年）5月12日には参議院決算委員会において，近藤正道議員の質問に対し甘利経済産業大臣の答弁があった。まず，敦賀，もんじゅ，美浜の3サイトで事業者が「敷地直下に活断層があると想定している」ことを認めた上で，原子炉建屋の基礎を置いている岩盤表面に活断層が現われていないことをもって「この真下に来ている場合にはつくることはできません，

しませんということ」と答弁した。

地表に現われた活断層線しか考えない!?

これは驚くべき回答である。まず，サイト内を活断層が通る原発があることを，あっさりと肯定したこと。そして「活断層を避ける」とは，地表に現われた断層線をまたいで原子炉建屋（炉心部を内蔵する）を設置しないこと，とすり替えたこと。断層が動いて地震が起こり，地表断層に沿ってずれが生じたときに，断層線上の建屋は股裂き状態になり，とんでもない結果となる。だが，そんなことなら原発に限らず常識で，わざわざ宣伝するまでもない。大臣答弁は，原子炉建屋のみを対象としている。その基礎部とはせいぜい100m四方。別棟のタービン建屋やその他の施設にかかっていなければいいというのか。それは非常識というものだ。

原子力安全・保安院が規制当局とし

155

て独立する前の資源エネルギー庁は，1995年1月17日の阪神・淡路大震災の直後，地元紙に「原子力発電所の地震対策について」と題して6項目の回答を掲載した。その第1項は「活断層の上には作らない：原子力発電所の建設用地を決める際には，徹底した地質調査を行い，地震の原因となる活断層を避けています」（福島民友新聞2005年2月12日）であった。

その他，チラシ，パンフなど広報は数限りない。それらをもとに，地元各地で耐震に関する説明会も行っている。ここでも「建設用地を決める際には」としており，「炉心位置を決める際には」ではない。どう考えても，サイト選定に際して活断層を避ける，という趣旨だ。

大臣答弁後の5月28日，過去に「活断層の上には作らない」と宣伝していたではないか，と超党派議員のヒアリングでこの点をさらに糾したところ，不正確な表現なので今はもう言わない，現在，保安院はそういう説明はしていない，と言うのであった。一言の謝罪もなく。

と同時に，「不正確な表現」を今なお続ける事業者に対して，指導しようというつもりもないと。つまり，地元の「誤解」はそのまま放置しておくというのだ。新解釈は積極的に宣伝できるようなものではないという証しだ。

じつはこんな詭弁の背景には，「活断層」の定義の混乱もある。地震を起こす断層，言い換えれば地震のとき裂ける断面をいう場合もあれば，地表に現われた亀裂のみをさす場合もある。面か線かの違いがあるのだ。専門分野によっても意味するところが異なるようだ。

現在は，震源断層は必ずしも地表に現われないし，全長ではなくごく一部しか現われない場合もあることもわかってきた。地表の長さだけから震源断層の大きさ，ひいては地震の規模を決め付けるのは問題があるということになっている。

変動地形学では，地表に現われた変位・変形から，地下で断層活動が続いていることを読み取り，地表にまったく現われていなくても「活断層あり」と認定するくらいだから，断面の意味で使っている。もちろん探査法も進歩し，目には見えない地下もある程度可視化できるようになった。それでも「そもそも活断層認定は，断層面が『見えたか』『見えなかったか』には過度に依存しない」という（鈴木康弘・中田高・渡辺満久「原発耐震安全審査における活断層評価の根本的問題」『科学』2008年1月号，岩波書店より）。

地震規模の正しい推定

見えても見えなくても，最大どの程度の地震を想定すべきか。これがまた悩ましい。とりわけ原発の建設ともなれば経済事情が絡んでくる。旧指針で

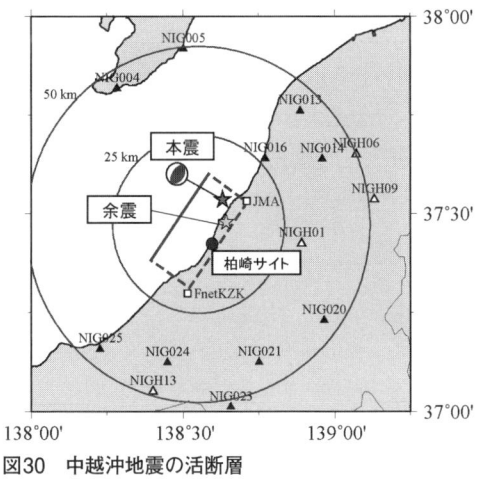

図30 中越沖地震の活断層
原発直下まで伸びていた。

は、マグニチュード6.5までは地表に現われない可能性があるという理由で、直下（といっても震源距離で10kmという規定なので、じつは直下ではなく7km余り離れる）にマグニチュード6.5を想定しなければならなかった。しかし、その後、活断層が見つかっていない地点でマグニチュード6.5を超える地震が相次ぎ、最大マグニチュード7.3を経験している。中越沖地震後は、マグニチュード6.8を想定するよう保安院は指導してきた。

　今年（2008年）6月に発生した岩手・宮城内陸地震はマグニチュード7.2であった。「孤立した短い断層」は幾筋も検出されていたものの、マグニチュード7.2など想定されていなかったところで起きた。マグニチュード6.8では不十分だ。安全のためにはマグニチュード7.2を想定すべきではないか。

原発の耐震問題は、今年もまた新たな検討課題を抱えてしまった。

　文科省地震調査研究推進本部（推本）は来年（2009年）から10年かけて「活断層基本図（仮称）」の作製にとりかかる方針だ。すでに調査済みの約100の「主要活断層」から一気に対象を広げて、現在確認されている全国約2000の活断層を対象とせざるを得なくなってきたのだ。

　今後の活断層調査で重要なポイントは地下の断層長さだけではない。その傾きも大きな要素である。だが安全審査では、活断層は直立しているものとして、地表面上に現われた線だけを問題にしていた時期がある。

　もし断層が直立ではなく傾斜していれば、サイト直下まで延びていることもあり得る。中越沖地震の震源断層は南東に傾き下がり、柏崎刈羽原発の敷

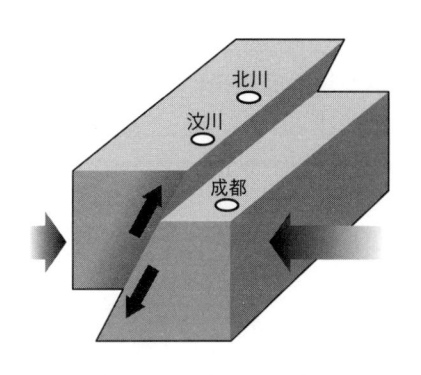

図31　中国周辺のプレートと今回の地震での断層の動き
上盤側（断層直上）は大きな揺れとなり、大きな被害が生じる。

地直下まで延びていることは、東京電力によって認められている（図30）。柏崎刈羽原発は「活断層の上に建つ」ことが証明された最初の原発である。

このように震源断層面が傾いているとき、その上盤側（すなわち断層直上）は大きな揺れとなることが経験上知られている（図31）。ということは、何も活断層とは呼ばれなくとも、浜岡原発のようにプレート境界である巨大な震源断層に対しても配慮すべきだ。原発を含む陸域側は上盤に乗っている。これが御前崎の先端あたりで約2mも跳ね上がるとされる。浜岡原発は、そこからわずか10kmと離れていない。また、震源断層面までの深さは、浜岡原発直下で15km前後（15±数km）とされる。

想定東海地震の震源断層は2001年に詳細に再検討され、矩形ではなく、図32のようなひょうたん型とされている。図の中に示された「アスペリティー」と呼ばれる6つの矩形のうち、浜岡原発の直下に置かれた1つだけで、中越沖地震の震源断層の総面積に匹敵する。そのくらいプレート境界の地震は断層面が大きく、これでマグニチュード8と予測されている。

新耐震指針での「活断層」は、地震の発生メカニズムの違いを考慮して使い分ける。しかし、プレート間の断層面は活断層ではない、などとことば遊びをしている場合ではない。

そもそもは大事故を起こさないことが目的

規制庁は立地審査指針の趣旨に則って、人の命と安全、そしてこの社会・経済を守るため、毅然として乗り出すべきであろう。すなわち、サイト内の活断層線はいうに及ばず、震源断層面がサイト直下に確認されれば、建設を

第4章 柏崎刈羽原発の「震災」

(1)【基本モデル】国の中央防災会議モデル

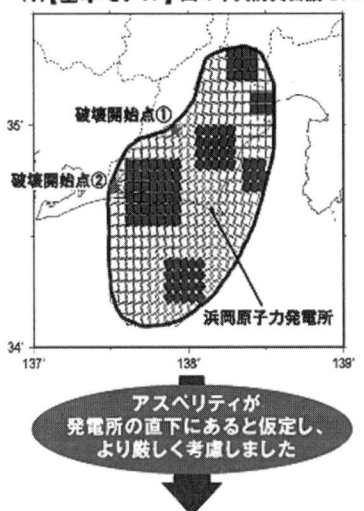

アスペリティが発電所の直下にあると仮定し、より厳しく考慮しました

(2)【不確かさを考慮したモデル】
Ss策定のために当社が考慮したモデル

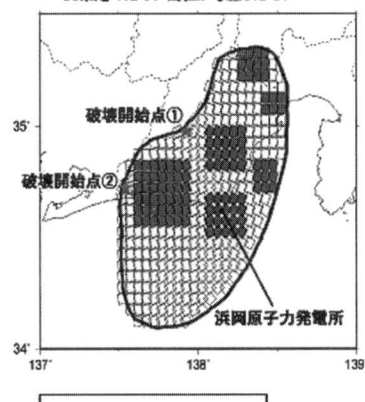

○：想定東海地震震源域
■：アスペリティ
　　震源域のうち特に大きな地震を発生させる部分

図32　想定東海地震Ssの基本モデルと不確かさ
　　　（→アスペリティーを原発直下に移動）
Ss：新耐震指針における設計用基準地震動

許可しないことはもちろん，既設の原子力施設についても設置許可を取り消すことである。その趣旨は，すべての指針類の最上位に位置する「立地審査指針」の，そのまた筆頭にすでにうたわれている。これを守ることだ。

しかし，こうした市民からの指摘に対して，今日わが国の原子力安全行政は，次のように回答している。

「敷地内に活断層があることのみをもって立地指針に不適合となるものではありません。新たな知見により，仮に耐震設計上考慮すべき活断層の存在が判明した場合には，耐震設計審査指針等に基づいて，発電用原子炉施設の耐震安全性の確認をすることとなり，仮に耐震安全上問題がある場合には，必要な措置を講じることとなります」（原子力安全委員会，活断層手引き意見募集結果より）

先にも紹介したように，「どんな活断層があっても耐えられるように設計できる」という主張だ。また「必要な措置を講じる」とは耐震補強等を意味し，許可を取り消すことなど微塵も考えていない。むしろ立地指針のほうを変更しようという危険な動きがある。

これまでの活断層無視・軽視は，結局のところ，何千年に一度という活断層の活動性を甘く見ていたからではないか。地震の静穏期に建設ラッシュが重なったためかもしれない。でももうそんなことを言っている場合ではない。良識ある地震学者たちは，この豊かな

日本の大地が，地震活動によってもたらされてきたことを指摘し，謙虚に共存するべき道を求めようと呼びかけている。

原子炉立地審査指針

最後に立地指針を示しておく。ここに言う「大きな事故の誘因となるような事象」「災害を拡大するような事象」とは，いずれもまずは地震を想定して定めたに違いないし，また今日においてもその意義に変わりはないであろう。
「原子炉立地審査指針」（原子力委員会決定）

1.1　原則的立地条件

原子炉は，どこに設置されるにしても，事故を起さないように設計，建設，運転及び保守を行わなければならないことは当然のことであるが，なお万一の事故に備え，公衆の安全を確保するためには，原則的に次のような立地条件が必要である。(1) 大きな事故の誘因となるような事象が過去においてなかったことはもちろんであるが，将来においてもあるとは考えられないこと。また，災害を拡大するような事象も少ないこと。

(2) (3) は省略（公衆の被曝線量に関すること）

【37】浜岡原発閉鎖への一歩，浜岡1・2号機廃炉を歓迎する
(2008/12/16)

地震学者が「地球上で最も危険な場所にある原発」と指摘する浜岡原子力発電所。住民や専門家から警告されながら，5機も建設を強行してきた中部電力。それを許可し続けてきた政府。中部電力がそうした愚行に自ら終止符を打つ一歩を踏み出す日がようやく来たようだ。

1・2号機廃炉の真の理由は耐震危険性

中部電力が，長期停止中の浜岡原発1・2号機について，廃炉への選択をしたと報道された。12月13日（2008年）静岡新聞朝刊トップに「浜岡原発1，2号機廃炉へ」というスクープ。サブタイトルは，「6号機新設を検討」となっている。昼のTVニュースはじめ全国紙各紙夕刊にも掲載され，それぞれオドロキをもって迎えられたようだ。しかし筆者の第一印象は，最も妥当な形で（地元はじめ各方面に摩擦の少ない＝ソフトランディングの）回答を探したな，ということだった。同時に本当の理由を伏せている，とも。

スクープ記事には地震のことは一言もない。もちろん裁判についても。そういう条件でリークさせたのかもしれ

ない。記者会見をやれば，当然質問が出るだろう。また記事ではあくまでも「検討を始めた」となっている。

その後も静岡新聞をはじめとして経済記事としての取り扱いが目立つ。耐震補強や炉心シュラウド（内釜）の取替えに，2機で2000億円という試算もみえる。シュラウド以外にも老朽化は指摘されており，さらに経費は嵩むかもしれないという。だが中部電力はつねに新品同様と主張して，決して老朽化を認めてこなかった。また1号機の運転開始は1976年3月で齢32歳半，2号機は同じく78年11月で30歳。老朽化を理由とするには1号機はともかく2号機にはまだまだ先輩格がいる。すでに国内には運転開始から30年を超える稼動中の原発は17機を数える。

1・2号機廃炉の真の理由は，来たる東海地震に対する耐震性が確保できないからである。まだ正式の発表はなく，確定までには今後紆余曲折があるとは思うが，1・2号機が新しい耐震基準をクリアできないことを中部電力はすでに確認済みのはずだ。このまま二度と動くことはないだろう。

地元でも，補強・補修（シュラウドを含む）の気配はいっこうにない，廃炉にするのではという噂が立っていた。中部電力ホームページの公開情報を見ても，この3年間ほどは1・2号機にはほとんど動きがない。作業員が入っている様子が見えないのだ。廃炉の判断は時間の問題であった。他に選択の余地はない。

では3・4・5号機はどうなのか。3・4号機については，改訂された耐震設計審査指針に基づく耐震再評価報告書を国に提出してからまもなく2年になろうというのに，その審議はいまだに決着がつかず，見通しも立っていない。それどころか，昨夏の中越沖地震による柏崎刈羽原発での揺れが，設計時の想定を数倍も上回ったことが判明したことを受けて，新たに地下構造の詳細調査が課せられている。その結果を待つまでもなく，中部電力がこれまでの申請時に提出した資料を見る限り，すでに報告済みの新しい想定を大幅に修正する必要に迫られることは間違いない。

増設はカモフラージュだ

こうした事実が今回の経営判断の根底にあるはずだが，それは浜岡のサイトそのものの問題であって，1・2号機だけ廃炉にして済むものではない。したがって，何も好き好んでこれからまた新たにこの地に巨大原発を建設するなど，正気で考えているとは思えない。少なくとも浜岡サイトへの新規増設は，昨今の原発安全行政の中でも，そう簡単にクリアできるとは思えない。国に認められなくて矛を収めるなら，地元に対しても申し訳が立つ。そんな計算をしているかもしれない。

増設とセットで流したのは，おそら

くショックを和らげるための緩衝材で，観測気球というところだろう。あるいは，まだ社内不統一の反映かもしれない。あたかも耐震安全性が理由ではなく，経済的判断だと思わせるためのカモフラージュだ。だが経済が冷え込む今後，電力需要は落ちていくだろう。新増設などしている場合ではない。

東京高裁の和解提案が後押し

この秋，奇妙なことがあった。東京高裁において浜岡原発運転差止訴訟の進行協議（非公開の打合せ）が行われた9月2日，中部電力ホームページに次のような一文が掲載された。「一部新聞報道によれば，『東京高裁は2日，第1回口頭弁論（19日）で双方に和解を打診する方針を示した』とありますが，当社に対し裁判所から和解を打診されたという事実はありません」

確かに和解を打診されたわけではないが，裁判所から「3・4号機と切り離して，1・2号機について何らかの提案をするかもしれないので検討してほしい」というひと言があったのは事実である。それを全面的に否定するかのような声明を発したのはなぜなのか。それでいて一方で，特定の新聞に進行協議における和解の浮上をリークしている。まったく不可解だ。

いかにしてソフトランディングさせるかという中部電力の苦悩が垣間見えたようにそのとき思ったが，これも観測気球だったのかもしれない。

予告どおり裁判長は，9月19日の第一回控訴審において，1・2号機は3・4号機とは設置形態に違いがあること，および運転を停止していることから，1・2号機については「案の提示をする段階ではないが，何らかの話し合いができないか」と打診した。原告側は「話し合いに応じたい」としたが，中部電力側は「すり合わせするつもりはない」と断った。裁判長は「（今後）話し合いの機運があれば，進行協議で伺いたい」と重ねて表明した。

1・2号機は耐震設計審査指針のできる前に建設が許可されている。さらに指針改訂後の確認も行われていない。そのあたりを高裁は指摘したものと思われる。3・4号機と同一の扱いはできない。1・2号機はまず諦めては，という意思とも聞こえる。

こうした裁判所の態度が，1・2号廃炉への後押しとなっただろう。もちろん経済的理由も最後の一押しとなったことは間違いない。そろばん勘定だけではなく，原発に依存してきた地域との共生という大きな課題も横たわる。だが，さらなる増設などという欺瞞を重ねるのではなく，真実を語り地元にも理解してもらうことではないか。

発想の転換を

浜岡1号機が水素爆発事故で停止したのは7年前。その後も国内では原発

の事故が相次ぎ，事故隠しや不正が数知れず暴露された。一方，各地で地震が相次ぎ，その都度新たな形の被害が表面化し，ついには東京電力の原発が中越沖地震に直撃された。

これで原発の耐震安全性への不安が高まらなければ余程どうかしている。さすがに多くの人々が原発震災の危険性を実感するようになった。地元静岡でも7年前とは違って原発廃止を受け入れられる土壌ができたと判断してよい。

では原発に代るものがあるのか。イエス。いくらでも智恵の働かせようはある。たとえば廃炉にした1・2号機を原発の耐震安全性実証試験施設として積極的に位置付けてはどうか。そのための国際的プロジェクトを立ち上げる。あるいはまた商業用軽水炉の国内廃炉1号機として，他電気事業者，メーカー，国などの援助を取り付けることで，地域振興に一役買うなど，発想の転換を期待したい。

6号機予定地があるなら，そこを活用して中部電力お得意のキャパシタ（capacitor；蓄電器）関連産業をはじめ，新エネルギーによる発電に切り替えるチャンスとする。

中部電力がひとたび決断すれば，立地・隣接自治体および市民は，智恵を出し合い，協力するに違いない。それは，ともに原発震災を免れよう，という強い意思のもとでこそ実現する。自然の威力に対して無駄な抵抗を重ねることなく，1，2号機廃炉をうまく乗り切り浜岡原発閉鎖への一歩としてもらいたい。

【38】東海地震に耐えられない，免震化工事を検討？ (2008/12/27)

浜岡1・2号機の耐震工事は建屋の免震構造化を検討したという。結果は工期10年以上，経費約3000億円。やっぱり1・2号機の廃炉決定は，東海地震に耐えられないことが判明したためであった。3〜5号機についても想定（設計用基準地震動）の見直しは必至だ。

浜岡1・2号機廃炉が確定

東海地震の震源直上に建設してしまった浜岡原発1・2号機の廃炉予定を事前に特定の新聞にリークさせた中部電力は，それから10日後の12月22日（2008年）には取締役会で正式決定したとして，午前中に社長が立地・御前崎市へ出向き，決定事項を正式に市長

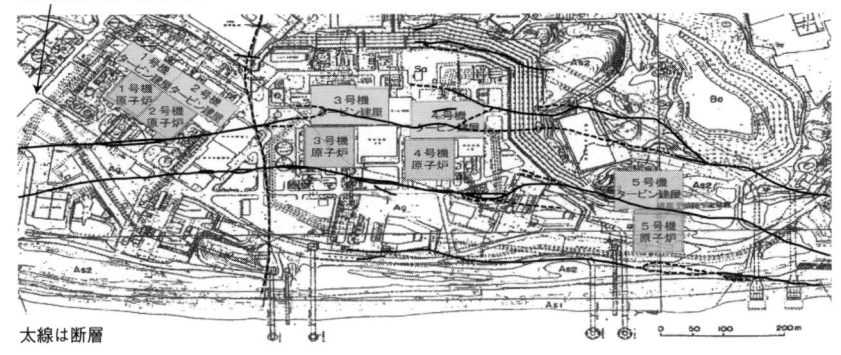

断層破砕帯を避けて不ぞろいの浜岡原発

太線は断層

図33　浜岡原発と断層

に申し入れた。

その内容は，1・2号機の廃炉と6号機の増設，そして使用済み核燃料の中間貯蔵施設をサイト内に建設したい，という3点セットであった。予想通り，廃炉に対する緩衝材として増設を抱き合わせにしたものである。ホームページに建設計画の青写真が掲載されたが，まるで一夜漬けの宿題のような代物であった。

一方，廃炉に関しては，即日原子炉保安規定の変更を国に届け出たのであった。年明けの2009年1月30日付けで廃止にするとし，安全協定に基づき，県と地元4市に通報した。報道によれば，保安規定の変更とは，①1・2号機の運転を行わない，②運転終了にともない，原子炉内に燃料を装荷しない，③13カ月間とされている運転期間の記述を削除する　などだ。同時に電気事業法に基づき，国に対して原発の出力を変更する電気工作物変更届出も行い，電気出力488万4000kWから350万4000kWへと縮小した。

これをもって1・2号機の廃炉は確定した。言い換えれば，確定したのは，3点セットのうち，1・2号機の廃炉だけである。しかし，その後の報道は案の定，6号機増設に目を奪われ，廃炉と増設をセットで行う初の「リ・プレース」計画として，絵に描いた餅談義となっていく。

原子炉建屋の免震化を検討!?

そうした各種報道の中で最大の疑問は，「補修費用が3000億円，修理期間が10年以上」というくだりである。これまでは2011年3月までに耐震工事と老朽化対策を終える，費用は2機で数百億円としていたはずだ。この費用と新規建設費用約4000億円を比較して，リ・プレースを決定したと解説されている。そこで休日の23日をはさ

んで翌24日，市民団体の申入れに際して中部電力本社で質した。どのような工事によって工事期間が10年を超え，費用が3000億円へと膨らんだのかと。

中部電力（広報部）の回答をまとめると，「800ガルまでの耐震工事なら，予定の2011年春まで（2年余）に可能だが，3・4号機と同等の1000ガルまで裕度を上げるために，建屋を免震構造にするとして試算した結果である。建屋とは，原子炉建屋，タービン建屋など一体で岩着（岩盤に直接設置）しているものだ」という。

驚いた。一般建築物と同様，免震を検討したというのだ。「老朽化対策としてのシュラウド交換等は数百億円，期間も2年余で可能。耐震工事として予定していた排気塔建て替え，配管ダクト周辺地盤改良，サポート等補強を含めても，当初予定だけなら11年春までに可能」「しかし，1・2号機と3～5号機と目標地震動が違っては受け入れられないだろうということで1000ガルに対応するための免震を検討した」という説明であった。

800ガルへアップのからくり

耐震補強について，中部電力では当初から「耐震裕度向上工事」と称して，東海地震にも耐えられるのだが，地元へ対する安心のためさらに裕度を上げることとし，自主的な目標地震動として1000ガルを設定したと主張している。2年前の耐震指針改訂にともなう想定の見直しにより，同社は浜岡原発に想定すべき新しい基準を800ガルと変更した。

ところがその周期特性（周期による揺れの強弱）を見ると，従来の基準（最大加速度値600ガル）とほとんど変わっていない。原発では剛構造に設計され，内部の機器・配管類の固有周期は0.1秒から0.5秒程度とされている。そうした原発にシビアな短周期帯については，中部電力の見直した新基準はほぼ従来どおりだった。最大加速度では200ガル，つまり3割以上もアップしたかのように装っているが，原発にとって厳しくなったとは到底言えない。

1・2号機については，設計時にそうした基準さえ定められておらず，最大加速度で示せば400ガル程度で設計している。その後安全上重要な設備については，阪神・淡路大震災の後に3・4号機と同等の600ガルまで耐えることを確認したとしていた。同じく800ガルの新基準についても，ほぼクリアできるのだが，余裕が少ないので補強（裕度向上）するのだ，というのが本社での説明だ。

限界は最も弱い箇所で決まる

だが，これは偽りだ。3・4号機についてもそう主張しつつ「耐震裕度向上工事」を実施しているが，その報告

書を見れば簡単に見破れるのである。重要度クラスの低い部分が問題なのだ。

耐震安全性の評価は地震応答解析による。まず施設・構造物のモデルに地震波を入力させてシミュレーションを行い，発生する応答（地震力）を求める。それが構造・部材などで決まる強度（許容値）以内であればセーフ。耐震の評価は，すべてこうしたシミュレーション解析で判断する。その結果は現在，国の委員会等で審議されている。

ところが中部電力の評価結果を見ると，何と補強工事を施した後の構造・部材による強度で比較している。これではすべてセーフとなり，元の設計，元の強度が新基準を満たしていたか否かはわからない。

じつは先日の安全委員会で，柏崎刈羽原発の耐震評価の審議の際にこのことが問題になった。東京電力はやはり強化後の強度で比較していたのだ。これに専門家委員らから厳しくクレームが付き，今後訂正して提出させられることになった。当然だろう。ほかの電力会社が真似すると困るとも指摘されていたから，中部電力も同じく再提出が求められるはずだ。

まあそういうごまかしをして，「念のための裕度向上だ」などと取り繕ってきた企業だ。その浜岡3・4号機評価報告書の一覧表の中には，強度ぎりぎりの応答値がいくつか見られる。そこが補強済みか否かは不明だが，もし補強済みであれば，補強前は明らかに基準を満たしていなかったことになる。補強していないならば，当初設計は現時点で限界であり，それ以上は補強が必要ということだ。どちらにしてもそこが限界であることは明らかである。一覧表が1000ガルのチェックであれば1000ガルが限界，800ガルのチェックなら800ガルが限界ということだ。

補強の主なものは配管サポートで，200カ所に上る。このことから，経済的理由により，サポート類については建設時に「余裕」などとらなかったものと推定される。それが全体の基準アップに対して足を引っ張っているのであろう。

また，新基準を原発にシビアな周期帯域で従来の基準と同等にしなければならなかった理由は，1・2号機が足枷になったものだろう。前節で，「1・2号機が新しい耐震基準をクリアできないことを中部電力はすでに確認済みのはずだ」と書いたのは，そういう根拠に基づいてのことである。

さらなる耐震基準の見直し必至

ところで中部電力には，さらに大きなハードルが待ち構えている。約2年も前に割り出した新耐震指針に基づくこの基準（設計用基準地震動）がまだ定まっていない。同社としては800ガルへとアップさせたものの，地下構造はじめ柏崎刈羽原発被災後の新知見により，再度修正がかかるのは確実だろ

う。いったいどれくらいアップになるのか。1000ガルを超えれば、3・4号機にしても当然、評価のやり直しである。

柏崎刈羽原発で推定された、設計の約4倍という強大な揺れは、地震波が通過してきた地盤により増幅された結果であって、それも震源の方向により異なるとされた。東海地震では最浅で15kmくらいの直下に広がる広大な地震断層から、すなわち四方八方から地震波が襲来する。柏崎刈羽並みに4倍程度の増幅で収まるという保証はない。

では、そうした見直しにより基準を満たせなくなった場合はどうするのか。基本的に既設の設備は、補修・改造によっていくらでも強度を上げるなどということはできない。免震・制震のように建屋に入力する揺れを小さくするしか方法がないではないか。そう思ったことはあったが、まさか現実に検討し試算するとは思ってもいなかった。既設の原発に対する免震化とはあまりにも非現実的だ。

だが免震まで検討したということから、1・2号機は補強によっても800ガル（実質は600ガル）までしか対応できないということ、および浜岡原発の耐震基準は800ガルをはるかに超える修正が必要らしい、という事実があぶり出されてくるのである。

かくして「地球上で最も危険な場所にある」浜岡原発が、耐震性を理由とする、国内の廃炉1号となった。あまりにも長い時間がかかったとはいえ、原発震災を危惧してきた健全なる市民らの第一目標が達成されたのである。

【39】運転再開への長い道程が始まった (2009/05/11)

7号機の試験発電に向けて、ついに地元了解

一昨年（2007年）夏の中越沖地震に直撃された新潟県の東京電力柏崎刈羽原発は全7基の運転を停止していたが、9日、とうとう7号機の運転再開作業を始めた。原発が本格的に震災を被ったのは世界でもはじめてのケースで、この間、全設備の安全点検が行われてきた。東京電力は当面は起動試験を行うが、実際の営業運転にこぎつけるまでには長期にわたる外部の検査などが求められ、容易なことではない。

7号機については、政府はすでに2月18日（2009年）に原子力安全委員会の了解を受けて起動試験入りを認めていたが、最後のハードルだった地元新潟県知事の判断が5月7日に示されたことで動き出すことになったのだ。今回の起動試験はその最終段階で、核燃料に点火して実際に発電を行い、出力100

％まで安全に推移できるか確かめることになる。

しかし、起動試験イコール運転再開ではない。起動試験の終了後には、原子力安全・保安院も安全委も正式に「設備健全性」の最終判断を下すはずだ。そのためには、まず保安院の「中越沖地震における原子力施設に関する調査・対策委員会」に諮らなければならない。一方、保安院に対しダブルチェックを行う安全委では、施設健全性評価委員会が審議し、その上の耐震評価特別委員会を経由し、安全委本会議に報告されてようやく一連の審査が終了する。

もちろん、地元新潟県でも、今回の了解に当たって県独自の検証を続けていくことを知事は条件として付けた。何より新潟県では知事の判断で運転停止を求められるように、事業者との取り決めができている。実際に営業運転再開が認められるまでには、まだまだこれからも平坦ならざる道が続くことだろう。

再開へ膨大な費用と被曝労働

活断層の上に建ててしまった柏崎刈羽原発の閉鎖を求めていく市民らの運動の余地はまだ残されている。最終段階に入ったのは事実だが、だからこそいっそう、その危険性をアピールしていく意味がある。保安院や安全委が形ばかりの審査で終わらせないよう、あらゆる不安材料をきちんと審査してもらうよう、これまで以上に効果的な取り組みが待たれる。

政府は夏場の電力需要期を前に、団結して東京電力に協力しようとするかもしれない。しかし、東京電力はこの夏も柏崎刈羽原発抜きで5.2％という供給予備力を用意している。電力はむしろ足りないくらいのほうが、消費者への注意喚起となり好ましいといえる。建ててしまったから修理して使うなどという単純な発想ではなく、まして、危険だから巨大消費地から遠くで発電して遠距離送電するなどという手前勝手ではなく、安全に発電して大切に使うという姿勢を消費者・需要家に求めていくべきではないか。

被災した柏崎刈羽原発にこれまで投入した額は、2000億円を超えている。火力などの代替燃料費を含めず、純粋に震災復旧費用だけでこれだけかかっている。東京電力は今回の7号機に続いて、6号機、そして1号機と、順次震災復旧にお金と労力をかけ続ける計画だ。7号機は一番若くて一番軽傷だった。それでもあちこちに耐震強化工事を施しての復帰である。後に続くプラントは7号機のようなわけにはいかないだろう。稼働中であった2・4号機にいたってはようやく損傷状況の設備点検が始まった段階だ。

これらの作業には膨大な被曝労働がともなうということも、忘れてはならない。

第5章
原子力政策

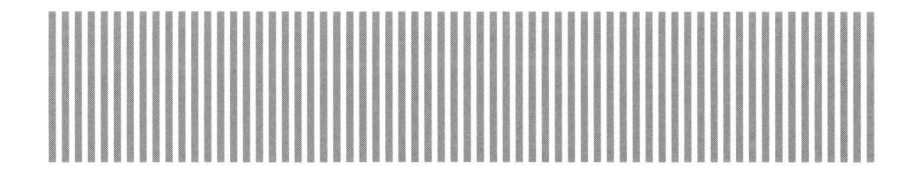

2010年11月29日，中部電力は予定していた浜岡原発4号機でのプルサーマル発電開始を延期すると発表した。理由は，地元から求められていた4号機の耐震診断（耐震安全性の再確認）が間に合わないからだ。より危険な燃料への変更は，「耐震性とは関係ない」という国の判断の下で準備されてきた。しかし，終始一貫して「プルサーマルより耐震問題が先」と叫び続けた市民の声は，燃料をくべる段になってひとまず聞き遂げられた。浜岡原発自身が地震を経験し，未知の事実が暴かれたためであった。プルサーマルほか原子力政策を問う。

【40】オソマツ原燃とオソマツ国が「設計ミス隠し」を共演，青森再処理工場 (2005/02/19)

　原子力村の不始末は七変化，いまだとどまるところを知らず続いている。今回は，過去に国の許認可をパスし，すでに建設済みの重要施設で「設計ミス」が判明した。

　2004年12月21日，年末も押し詰まって無理矢理，ウラン試験（再処理工場の試験運転は，通水試験，化学試験，放射能の低い未照射ウランを用いるウラン試験をへて本物の使用済み核燃料を用いるアクティブ試験〔ホット試験〕へと進む）にこぎ着けたばかりの青森県六ヶ所再処理工場で，早くも試験の継続に影響を及ぼしかねない不祥事が明るみに出た。といっても，まだ断片的にしか報道されていないので，真実を伝えたい。

国が許可した貯蔵施設に設計ミス

　2005年1月14日，原子力安全・保安院が当該事業者の日本原燃（原燃）に対し，工事認可審査中に計算ミスを検出したとして，解析のやり直しを指示した。その結果，原燃は類似5施設のうち4施設について計算ミスを認め，1月28日に発表した。

　この施設は，原発の使用済み核燃料を再処理した際に出る超高濃度の放射性廃液をガラス固化したり，製造した「高レベルガラス固化体」を貯蔵する施設で，すぐには処分（地下埋設予定とされている）できないほど高温の同固化体を100度以下になるまで冷却するために，ほぼ50年の間空気の自然循環により空冷・貯蔵する施設である。再処理工場内の物流としてはもちろん最後の工程に位置するが，上記5施設のうちの2施設は再処理施設とも別で，海外で再処理され返還されてくるガラス固化体用の貯蔵施設であった。

　これらの貯蔵施設には，環境に対し放射線遮蔽と温度に関する制限がある。それらは重要なチェック項目であるにもかかわらず，まともであったのは最初に建設された海外返還用の1施設のみで，次に建設された再処理工場内の施設は，途中で設計変更をしたときろくに「解析」をせず，ほんとうは制限値を超える温度になるはずのところ，変更前の数値で申請し，そのまま許可され建設されてしまったのだった。設計をしたのは元請の石川島播磨重工で，原燃はそのまま許可申請し，ダブルチェックすることになっている国（当時は科学技術庁と原子力安全委員会）も，ミスを指摘することなく許可を与えるというダブルミスを犯してしまった。設計変更があったのだから，少なくともその部分は押さえるのが普通ではないか。

　これらのうち2施設は，工事認可も

すでにパスし，建設も完了し，すでにウラン試験入りしていたのである。「設計ミス」は，これらの再処理工場内施設とは別の，海外返還分用の貯蔵施設（増築分）に関する工事認可審査中に，保安院にクロスチェックを委託され解析した独立行政法人原子力安全基盤機構（JNES）によってようやく判明したのだが，4施設はすべて同じ仕様を採用していたため同罪となる。

かくしてすでに国の許可を得た建設済みの施設に土がついた。ダブルチェックも形なしだ。だがウラン試験は平然と継続している。非常識ではないか。

ミスが判明してもウラン試験は継続

この再処理工場，最後の工程であるガラス固化施設がまだ完成していなかった。さらにウラン試験の前段の化学試験も完了していない。にもかかわらず次のステップであるウラン試験入りを強行した。そして今，許認可取り消しを検討しなければならないほどの事実が判明したというのに，国はウラン試験をストップもせず継続を容認している。

この話は，ホテルを建てて，トイレがまだ全部完成していないのに，部屋が完成したからといって客を入れてしまったようなもの。「2カ所は完成してますよ」とのことだったが，じつは設計ミスが判明して建設済みのトイレも排水処理ができるかどうかわからなくなった，というようなもの。

たとえが卑近過ぎて恐縮だが，再処理工場における設計ミスはたとえようもなく重大な危険性をはらむ。ガラス固化体の場合は，内部の最高温度が500度を超えるあたりから変質しはじめ，50年後に処分のために取り出すことなど不可能になるかもしれないというのだ。再計算では最高624度という温度が認められている。

以上，「設計ミス」を見逃してきただけでも事業者，国ともども恥ずべき行為といえるのだが，その後さらに仰天すべき事実が判明した。

保安院と原燃で既成事実を合作・演出

1月14日に保安院が指示，とは真っ赤なうそ。すでに1カ月も前の12月17日には保安院は解析結果を知らされていた。だが保安院はこれを5日も寝かせ，22日に原燃に口頭で照会したというのだ。土日をはさんだので，通常の連絡だと言い訳している。

たしかに翌18日は土曜，だが20日（月）にはウラン試験用のウラン等を搬入し，21日（火）にはマスコミにウラン試験開始を大宣伝させたのである。22日とはその翌日だ。何のことはない。ウラン試験開始日まで伏せた，と証言しているに等しい。それが事実とすれば許しがたい行為だが，さらに許せないことにはこれも偽りの疑いが

濃い。すなわち原燃のホームページでは17日および24日の「不適合」の欄に，次のような記載がある。

　12月17日　「工程管理用計算機　冷却空気流量計算手法の改善……改善事項，処置中」

　12月24日　「冷却空気入口・出口形状の圧力損失の再確認……不適合，処置中」

　これらは再処理工場内の件の貯蔵施設の「設計ミス」のあった箇所である。24日の欄はより明瞭な表現となっており，この日に計算ミスを認めたことがわかる。ことの重大さを当事者は最もよく認識していたはず。

　17日には保安院も原燃も知るところとなり，土日返上で元請に確認させた上で，「予定通り21日にウラン試験入り」の既成事実を合作・演出したのではないか。1月14日に出した保安院の指示は，ミスの疑いを知らされた12月17日に直ちに出すべきであった。

　原子力安全・保安院とは，いったい誰の「安全」を守る機関なのか??

【41】オソマツ原燃の再処理工場をかばい続ける規制庁「保安院」
(2005/07/21)

　再処理工場といえば，核拡散に直結する忌まわしい存在である。その再処理工場の完成を前にして原子力安全・保安院が異常に肩入れをする。

　保安院とは，JCO臨界事故の後，原子力の安全規制を独立させるために経済産業省に設置された中途半端な存在(外局)で，それがため別名「不安院」ともいわれる。

使用済み核燃料の水冷プールで水漏れ

　再処理工場とは，ずさん工事が大量に明るみに出て，核問題を抜きにしても大きな不安をふりまいている巨大施設，日本原燃の六ヶ所再処理工場（青森県六ヶ所村）である。民生用ではあるが高濃度の放射能とプルトニウムを扱う一大化学工場であることに変わりはない。

　長期にわたる検証の末に「品質保証体制が整備」されたはずのこの再処理工場で，またもプール水漏れが生じた。使用済み核燃料を水冷するためのプールである。

　以下は2005年7月15日に行われた「第15回六ヶ所再処理施設総点検に関する検討会」で，今回のプール水漏れについて保安院の古西・核燃料サイクル規制課長が述べた見解を，知人が書き起こしたもの。これが安全規制庁の発言かとあまりに驚きあきれたので，ぜひとも青森県知事に伝えなくてはと，課長発言の最後の部分を「県政・わた

しの提案」のメールを利用して，さっそく知事宛に送った。

試験運転に影響なしと保安院

以下，課長発言部分。

「ある程度時間余裕のあるものであればですね，ゆっくり物事は考えるということが大事だと思っていますので，そのような姿勢を求めていきたいと保安院としては考えているところでございます」

「で，最後にウラン試験でございますが，今ウラン試験が再処理施設の本体について行われているわけでございますが，明らかに使用済み燃料プール——供用中の使用済み燃料プールとは物理的に切り離されているものでございますので，ウラン試験に影響はないと断言できると思っています」

「他方，すごく細かい話ですがウラン試験の中にですね——今回バーナブルポイズン（核燃料集合体を構成する部品の一つ。中性子吸収剤〔ポイズン，毒〕を封入しているため核燃料棒とは別に処理する）の取扱ピットで漏洩が発生したんですが，そこに切断装置そのものがございまして——切断装置の機能試験が，じつはウラン試験の中に位置づけられています。従いまして，これについてはどうですかということであれば，これはもう，ウラン試験の計画を見直しをしてですね，その上で要するに別の機会——それは操業まで

だと思っていますが——先ず模擬バーナブルポイズンを用いた機能試験，それから本当のバーナブルポイズンを用いた機能試験をやっていただければいいわけでございますんで，こういうものを除けばウラン試験の実施に影響を及ぼすものではないというのが当方の見解でございます」（以上，紹介終わり）

再処理を急ぐ理由なし

以下，青森県の「県政・わたしの提案」に送ったメールである。

「『物理的に切り離されている』といっても，同じ事業者が行っていること。まして技能や品質保証体制に疑義がもたれたシステムで，しかも非常に危険な施設です。それを『すごく細かい話ですが』『ウラン試験の実施に影響を及ぼすものではない』という神経。これが再三，立地県知事たちが問題にしてきた保安院の実態なのです。福井，福島，茨城，新潟などの『被害先進県』に学んでください。

『ゆっくり物事は考えるということが大事……そのような姿勢を求めていきたい』というのであれば，ここで立ち止まり，ウラン試験もストップして，規制局としての毅然とした態度を示すべきでしょう。知事におかれましても思慮深くかつ毅然とした対応を心掛けてくださいますよう。これまでの原子力の安全は，多く地元自治体の，県民

の安全に軸足を置いた姿勢によって辛うじて保たれてきました。このことをお忘れになりませんよう。敬具」

試験や操業を急ぐ理由は今日存在しない。むしろホット試験で抽出されてくるプルトニウムを使うあてなどどこにもないのだから、そして「使い道のないプルトニウムを抽出しない」という国際公約を守らなければならないとしているのだから、試験といえども再処理には手を付けられない、というのが現実なのだ。

この1年ほどの間に、保安院独立のころの官僚と意気込みは整理されて、こういう課長が増えているのでは？と危惧される。ともかく、実際は元の木阿弥。原子力開発利用長期計画、もんじゅ最高裁判決……等と並べてみると、何か得体の知れない大きな力を感じないではいられない。

【42】市民版原子力政策論議を (2005/08/29)

「原子力開発利用長期計画」の見直しに対し、市民の意見募集が行われたが、その期間はわずか1カ月間だ。私たちは締め切りなどなしに議論を続けよう。

原子力開発利用長期計画の見直し、元の木阿弥に！

「原子力開発利用長期計画」の見直しは2004年6月にスタートした。今年（2005年）7月末に新計画案はまとめられ、直ちに市民の意見募集が行われた。この1カ月間に「ご意見を聴く会」なるものが全国6カ所で開催されたが、原子力関係者らが「よくできた」という自画自賛の場となった。一方、福島県は9月4日、市民が独自の意見を提出する場として、国際シンポジウムを開催する。

ヒロシマ・ナガサキから60年。核の技術は、安全性と経済性の無視が許される軍事利用においてのみ成り立つ、という壁はいまだに超えられていない。安全性はもちろん、廃棄物問題やコスト問題、高速増殖炉原型炉「もんじゅ」や東海再処理工場の事故、臨界事故、プルサーマル計画の頓挫、外圧等々を受け、長期計画策定会議が設置された1年前には、日本でもついに核燃サイクルの見直しに着手するか、と原子力政策の転換への期待を担ってスタートしたのであった。委員には批判勢力も「複数」招き入れた。

ところが1年後まとめられ、5年ごとの見直しを謳っていた「原子力開発利用長期計画」は、その名も「原子力政策大綱」と看板も掛け替え、軽薄な自画自賛と希望的観測のオンパレード

となった。難題はすべて影を潜めた。1年前と比べるとまるで手品を見ているようである。

ここでは何でも可能になっている。人類の生命をはるかに超える超長寿命の放射能の始末（数十万年の管理が必要としている）も、水および酸素との相性の悪いナトリウム（水および酸素から完全に隔離する必要がある）を伝熱材として使用する高速増殖炉も、重度の核査察抜きには稼動できない再処理工場も、いとも簡単に「技術的に解決可能」「実用化も可能」とされている。

一方で新エネルギーの開発は、技術的にも経済的にも未熟で実用化ははるかな道なのだそうだ。

行き場のない使用済み核燃料

目の前の糸を手繰っていけば、あるいはそういう道へつながる答えもあるかもしれない。目の前の課題のみを追っていけば。推進派にとって当面の課題は、使用済み核燃料の行き場の問題であった。原子力発電の燃料は、他の燃料のように燃えてなくなるわけではないし、容量が格段に小さくなることもない。燃えた後の灰は、放射能をもつ原子に変わっただけで、容量も重量もほとんど変わっていない。凄まじいまでの殺人放射線を発し、さらに放射線にともなってたいへんな熱を発し続ける。まだまだ現役として発電できるだけの熱量である。

そこで超高濃度の放射能の遮蔽と高熱の除去のために何年間も水冷し続ける必要がある（これで原発が地球温暖化対策だというのだから恐れ入る）。水冷の必要がなくなって、乾式貯蔵が可能になってからも、さらに数十年、数百年の冷却と管理を必要とする。万一人類が「廃棄」という処分を行ったとしても、数十万年の長期にわたって放射能の威力は生き続ける。

この難問中の難問である使用済み核燃料の当面の（目前の）始末策として再処理路線を採用しようとしている勢力がある（周知のとおり「再処理」とは、そもそも核兵器をつくるために開発された、プルトニウム抽出技術である）。再処理するという名目で再処理工場内の水冷プールへ運び出すというのだ。そうしないと、サイト内の使用済み核燃料の置き場がなくなって、原子炉は停止しなければならなくなる。原子炉が停止すれば「電力不足」だ「大停電」だと、お決まりの脅しで中間派の新長計策定委員たちを取り込み巻き返したのだ。

だが、この脅しは明らかに事実に反する。昨今発電設備は過剰、原発以外では遊休施設を抱え需要は落ち込んでいる。電力にとって厳しい今日の経済情勢の中では、原子力がどんなに踏ん張っても、天然ガスによる複合発電の優秀さには足元にも及ばない。

そこで提案したい。こうした「そもそも議論」を巻き起こそう。賛成でも

いい，反対でもいい。原子力委員会のパブリックコメントに提出できなかった方も，この記事への書き込みをじゃんじゃんしていただくことを提案する。パブリックコメントが締め切られても，その後，「案」がとれて正式に決定されてしまっても，そんなことはお構いなし。私たちは締め切りなどなしに議論を続けよう。

【43】福島県汚職，佐藤栄佐久前知事が展開した"エネルギー政策"批判 (2008/08/25)

　福島県汚職事件の被告，前知事佐藤栄佐久兄弟は21日（2008年8月）に控訴した。東京地裁判決は，懲役3年・執行猶予5年の有罪であった。
　物言う知事，国策に異議を唱える知事……。そのために意識して脇を固めている。そんな風に映っていた現職知事が，ある日突然嫌疑をかけられ逮捕された。逮捕したのは東京地検特捜部。2006年11月13日に起訴され，東京地裁で初公判，と経過して迎えた判決の日は2008年8月8日であった。

国策捜査の疑い？

　発端は水谷建設の脱税疑惑。一昨年の2006年7月8日，同社の役員らの逮捕とともに前知事の実弟が経営する「郡山三東スーツ」本社にも家宅捜索が入り，一挙に耳目を集めることとなった。水谷建設との関係は，2002年に会社の土地を売ったこと。しかし時価より高額との指摘があり，水谷建設の所得隠しとその使途への捜査から，収賄の疑いで知事周辺へと特捜の手が伸びていった。逮捕を報じる記事によれば，
　「クリーンさを強調してきた福島県の佐藤栄佐久前知事（67）が23日，県発注の公共工事を巡る汚職事件で逮捕された。実弟逮捕の責任を取り，5期18年間にわたる長期政権に終止符を打って……実弟らを通じて建設業界と不明朗な関係を結び，多額の資金提供を受けていた構図が浮かび上がった」（読売新聞2006年10月23日）
　ずいぶん断定的である。これだけを見ればよくある話である。しかし前知事は売買そのものを知らなかったと言い，無罪を主張し続けた。その後の報道を，筆者は非常な関心をもって見守ってきた。政府の原子力政策を公然と批判していた，後にも先にもおそらく唯一人の知事だったからである。
　とはいうものの，裁判記録などはまるで追っていない。事実がいずこにあるかに関心があるのではないから。それに，このように双方の主張が真っ向

から対立し、被告側が完全に否認している場合に、いずれが真なるか判定することは非常に難しい。本当のことを知っているのは、当事者だけである。が、それを検出できるリトマス紙はないのだ。

だが万一冤罪であるとしたらその落差はあまりにも大きい。事件の種類を問わず、冤罪に対する非業の仕打ちには、いつ聞いても特別の感情を禁じ得ない。真実を突き止めることの難しさ、立場を変えれば真実を認めてもらうことの難しさが、重くのしかかる。そんな思いから、この節目にやはり一言記しておくこととする。

推進一色の原発立地県だった

佐藤栄佐久前知事が初当選した1988年9月、まさにその直後から筆者と福島県との関わりは始まった。だからこの選挙のことはまったく知らない。また当初は他県の知事ととくに変わるところもなく、原発立地県として行政もマスコミも推進一色と見ていた。

年が変わり1989年正月、東京電力の福島第二原発で再循環ポンプ破損の大事故が起きた。地元では一変して原発の安全性への不信が高まる。破損した30kgの金属片・粉が配管を通って全身に回り、この危険な原発の運転再開をめぐって2年越しの真剣な反対運動が繰り広げられた。

チェルノブイリ事故から間もなく、地元のみならず、全国的にチェルノブイリの再現を惧れる声が高まった時期であった。東京電力の消費地に住む筆者も、以後、まさにこの事故がきっかけで深く関わることとなった。

しかし、知事はついに運転再開の地元了解を発し、90年末再稼動に至る。

原発の建設景気はともかく、稼働しはじめるとさっぱり地域振興には結びつかない。そんな問題を抱える各立地自治体は、それぞれにポスト原発を模索していた。

双葉町は、先行して福島第一原発7・8号機増設誘致を決議、1994年、東京電力はその見返りとして広大なサッカートレーニングセンターの寄付を申し出た。だが知事は原発に頼らない恒久的な地域振興策を東京電力に求めていた。1997年ついに立派なサッカー場は完成したが、原発増設に関しては再三の立地町からの催促にもかかわらず、ゴーサインを出すことはなかった。

1999年秋、隣県茨城でJCO臨界事故が起こる。折から福島第一原発3号機で開始されるプルサーマル用燃料が専用港に入港した翌日であった。3年越しの反対運動にもかかわらず、知事は前年の夏、他県に先んじてプルサーマル実施の地元事前了解を与えていたのだった。

しかし同時に輸送されてきた関西電力のプルサーマル燃料をめぐる不正が確認され、原子力行政への不信は頂点に達した。「(次の定期検査で) MOX

燃料を装荷することはないだろう」という知事の一声で，東京電力は自主的にMOX燃料（モックス。プルトニウムとウランの混合燃料）の装荷を見送ることになった。

原発に翻弄される福島県

2001年2月，東京電力は供給過剰と電力の一部自由化を理由に，県内の建設中火力を含む建設計画の凍結を一方的に発表，知事の逆鱗に触れる。「国や東京電力がくしゃみをすれば，県は風邪を引く」と反発。

これをきっかけに，知事の姿勢は電力と国の原子力政策への不信表明へと大きくカーブしていった。とりわけ国への不信には激しいものがあった。「いったん決めたら最後，国はブルドーザーのように計画を押し進めようとする」と，まずプルサーマル事前了解の凍結を表明した。

同年5月には「1年間は地元にとっても原子力のあり方を検討する」として「福島県エネルギー政策検討会」を設置した。

この検討会は当時としては画期的なものであった。原子力関連の周辺では当然のように行われていた，反対意見を排除するそれまでの自治体や国のやり方とは異なり，推進反対双方の学者らを講師に招いた。メンバーは県の幹部職員全員（当初14人），教育長から警察本部長までと聞いて舌を巻いた。

当然，すべて公開。県民意見にも，賛否を問わず折々に耳を傾けた。筆者も傍聴したことがあるが，知事は挨拶のみして消えるというパターンではなく，率先して質問していた。

原子力政策批判を展開

2002年末には，「あなたはどう考えますか？～日本のエネルギー政策～」（副題：電源立地県福島からの問いかけ）として中間取りまとめの冊子を発行し，県内外から注目を集めた。内容は，タイトルのとおり，エネルギー政策への疑問点を，豊富な資料と共にまとめたものであって，代案を提起したり，何らかの主張を展開したものではなかった。

2005年8月の第35回検討会では，原子力委員会が取りまとめた原子力政策大綱案について意見交換し，パブリックコメントに県として批判的意見を提出した。その根幹は使用済み核燃料を再処理する核燃料サイクル政策への疑問と，立地地域の安全確保への注文であった。

2005年9月4日には県の主催で国際シンポジウム「核燃料サイクルを考える」を東京で開催した。同政策への推進派・批判派双方の講師を揃えてその主張を聴いた。その後，検討会は開かれていない。1年後，知事は交代する。

「大体が甘いことをやっているわけです」

東京電力の電源開発凍結発表から間もない2001年2月14日,知事は相馬・双葉地方議員研修会で,14市町村の議員と首長約200人を前に講演した。国へのろしを挙げる前に,それまで推進一色であった立地地域の政治家全員を相手に,自らの考えを開陳したのである。大胆ではあるが,こうした手法にもじつは周到な姿勢がうかがわれる。

当日の講演から代表的な発言を紹介しよう。もともと能弁な人ではなく,言葉少なで,時として答弁は禅問答のようになる。おそらく記者泣かせのタイプだと思うが,講演のテープを基に当時筆者がピックアップしたものだ。

「原子力政策というのは,国と事業者と県と市町村がワッと行くだけで……(ちゃんと審査するところがないから)注意しなければならない」として,具体的な例を挙げた。

・「福島で大きな事故が起きたとき(1989年1月),隔靴掻痒という感じでありました」
・「『もんじゅ』で事故が起きたとき(1995年12月),当然起こるべくして起こったと内心思いました」
・使用済み核燃料輸送容器データ改ざん(1998年10月)について「改ざんするなんていうのは,私どもにとって許されないこと」
・関西電力用MOX燃料データ不正事件(1999年12月)について「大体が甘いことをやっているわけです」
・JCO事故(1999年9月)について「本当に国が真剣にやったら,JCOの事故なんて起きません」

そして「安全の観点からいろいろ申し上げました」「私どもは立地地域の立場で,原発についての考え方をまとめて行こうではありませんか」と締めくくった。

逮捕

まあ,これだけのことをやってきたのである,覚悟の上で。なかなか叩いても出る埃は少ないだろう。「原発問題などで国の方向に逆らうようなことをやってきた。身ぎれいにしながらやってきており,(弟がそれは一番理解していると思ってきた)」と自ら語ってもいる。

原発だけではない。最近では道州制への批判も熱を帯びていた。「田中康夫前長野県知事より前に3つのダム計画を中止した」とも。合併をしない宣言をした矢祭町を「国は守らないことがわかったので」県が支援する旨議会で答弁している。

2006年9月28日の辞職にあたっての会見では「私が追い求めてきた地方自治の理想が,まがりなりにも実現しつつある時期に,談合疑惑が起きた」と述べた。

改革派知事が次々と消えていった中

でも，とくに惜しむべき存在となっていた。そんな想いで報道に接していたからだろうか，この事件については不可解な点が多いと感じる。控訴審で明らかにされることを期待したい。

〈追記〉その後，2009年10月に二審の東京高裁の判決があり，収賄額ゼロ円と認定され，懲役2年・執行猶予4年となった。現在，最高裁へ上告している。

【44】使用済みMOX燃料は出て行く先がない (2006/01/08)

2006年1月に，六ヶ所再処理工場の稼動へ向けて無理なプルトニウム利用計画を，電力各社は提出した。プルサーマルは一見，核廃棄物（使用済み核燃料）の処理対策を装って進められているが，姿を消すのはウランの使用済み核燃料で，じつはMOXの使用済み核燃料に姿を変えるだけのこと。しかも，今後原発サイト内に居座り続ける。

始末におえない使用済みMOX燃料

MOXの使用済み核燃料は，現在どこへも持ち出せないことになっている。なぜなら，使用済みMOX燃料は従来のウラン使用済み核燃料に比べて数倍も放射能が強く，発熱量も多く，より性質の悪い，危険なものだからだ。

MOXは，新燃料のときからして，その放射能と発熱のゆえに使用済み核燃料プールで水中保管・冷却されているのである。とくにその放射能ときたら，中性子線を発するがため，水中で遮蔽するしかない。

電力会社や国は，第2再処理工場を建設して再び使用済みMOX燃料を再処理し，プルトニウムを取り出す計画があるようなことを言っている。今回，バックエンド（後処理）費用試算に当たって，無限回リサイクルするなどとして費用を小さく見積もった。

しかしMOXの使用済み核燃料の再処理については，まだ計画すら存在していない。プルサーマル先進国のフランスでさえ，使用済みMOX燃料の扱いについては「100年後に判断する」と，100年も先送りすることにした。

さらなる交付金上積み

国は，とうとうこのMOXの汚さと危険性を認めた。それが新たな交付金上積みである。装荷中のMOXにウラン燃料の3倍，使用済みMOXの保管にウラン燃料の2倍。少なくともこれだけウラン燃料より悪質であることを認めたわけだ。法外の持参金をつけなければならない存在，それがプルトニ

ウム入り燃料「MOX」なのだ。

それでも不評のため，さらに，プルサーマル実施計画の申し入れだけで1億円。そして核燃料サイクル交付金（仮称）の新設……原子力発電所の地元の皆さん，どうぞこんな汚いお金をつかまないで。子々孫々感謝される道を選択していただきたい。

「プルサーマル」を受け入れることは，「"今よりもっと汚く""行き場のない"使用済み核燃料が，サイト内に居座ること」を受け入れることなのだ。

【45】人類にとって未経験，「発熱し続ける核燃料」 (2006/01/24)

どこにも地元了解のないプルサーマル計画

日本では現在1機たりとプルサーマル実施について地元の了解の得られている原発はない。地元が二の足を踏む最大の理由は安全性の問題である。なかでも使用済みMOX燃料の存在だ。

もちろんプルサーマル実施により事故や労災などの危険性も増大するが，仮にそうした恐れが高まるとして，それが絶対とは誰も言えない。ウラン燃料でも大事故や大労災は起こり得る。しかし，使用済みMOX燃料については，危険性が数倍になることを電力会社や国も認める。100％疑いようのない事実だ。しかも原子炉から取り出した後の使用済みMOX燃料の始末は不透明で，何の見通しもない。

プルサーマル計画の申入れを受けた地元としては，確実に危険性の増すことへの了解を求められているということだ。安全性の向上をつねに求めてくる県民の命・財産を預かる県が，容易にゴーサインを出せないのは当然であろう。

こうした問いに対して電力会社と国から返ってくる答えは，きまって「2010年頃から第2再処理工場の建設を検討する」というものである。再度，再処理して再々利用するかのように思わせるのだ。

フランスは100年先まで引き伸ばし

ところが，これが偽装・欺瞞なのである。唯一プルサーマルを続けるフランスも先送り，大量の使用済みMOXのストックを抱える。何かにつけプルサーマル先進国として引き合いに出されるフランスの例だ。出典は核燃料サイクル開発機構（現，独立行政法人日本原子力研究開発機構）の2004年度契約業務報告書「プルトニウム利用に関する海外動向の調査（04）」。発行は2005年3月，委託先はアイ・イー・エ

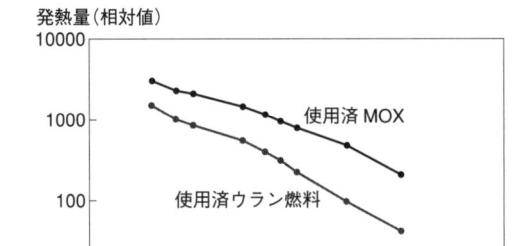

図34 使用済みMOX／UO₂燃料集合体の残余熱の経年変化（燃焼度 45GWd/tHM）

ー・ジャパンとしてある。

1/3を図表で占め，300ページほどもある労作だ。わが国の推進側資料としてはめずらしく比較的客観的な表現に終始している。プルトニウム利用としてあるが，話題はほとんどプルサーマル，海外とはヨーロッパ，すなわち「ヨーロッパのプルサーマル動向調査」といったところである。

その報告書の中に，フランスにおいて使用済みMOX燃料は，「約100年間貯蔵され，その後に再処理するか，再処理しないかの判断を下す」（2001年6月28日発表の国家評価委員会の第7回レポートより）とあるのだ。

フランスと同様に日本でも，今回の原子力開発利用長期計画の見直し（原子力政策大綱と改め）において，原子炉から取り出した使用済みMOX燃料は再処理するかそれとも直接処分するか，決められていない。発熱量だけ考えても，プルトニウム混合燃料では，ウランのみの場合より10倍の年月を必要とする（図34）。地下に直接処分するには表面温度が100度より低くならなければならないが，使用済みウラン燃料でも50年くらいもの時を経なければその条件を満たさないというのに，使用済みMOX燃料ではその10倍，すなわち500年の時間がかかると見積もられているのだ。

再処理するにしても，ウランの使用済み核燃料で数年のところ，MOXの使用済み核燃料ではその何倍もの期間冷却する必要がある。プルサーマルとは借金を解消しようとしてさらに借金を増やしてしまうような話ではないか。

人類にとって未経験，発熱し続ける物体

われわれの生活圏の中での「冷却」というのは，一定の有限の量の熱を取

り去ることである。ところが原子核による発熱は有限ではなくて，核反応の続く限り，何年，何万年と発熱し続けるのである。火が消えないと考えればわかりやすいだろうか。それも恐ろしく長寿命で，早く冷ましたりゆっくり冷ましたりと調節することもできない。

核反応には「核分裂」と「核崩壊」の2種類がある。原子炉の運転を止めれば「核分裂」はほぼ収まるが，「核崩壊」は原子核の種類ごとに自然の理によって定められた時間をかけて，それぞれのスピードでしか消えていかない。寿命の早いものは早々に消えてしまうが，原子炉の中には恐ろしく長寿命の原子核が大量に生まれている。この熱を「崩壊熱」と呼ぶ。

核をいじる……原子力の利用，とはこういうことを承知の上でなければできないはずだが，そんなことは聞いたこともない人々までが，推進だ，事前了解だ，と判断してきた。知っている側は知っている側で，都合の悪いことは隠し，偽装と欺瞞によってここまで引っ張ってきた。

都合の悪い情報は公開されない

フランスのこのような大失策を筆者が知ったのは，この報告書によってであり，昨秋（2005年），すなわち原子力政策大綱が確定した直後であった。もちろん，長期計画策定論議の中で海外の事例は検討されたのだが，実績ばかりが強調され，この報告書の存在はおろかフランスの失策は紹介された形跡もない。まして，プルサーマル論議の繰り広げられている原発立地地域で紹介された例など皆無であろう。

こうしたきわめて重要な，しかし推進側にとって不利な事実を隠してプルサーマルは進めようとされてきた。プルサーマルに限らない。そうした不誠実とご都合主義は一連の不正事件を通して，国や電力に対する大きな不信に成長している。原子力発電推進に熱心であった立地自治体関係者らが，いったん了解したプルサーマル地元了解を白紙撤回し，そのままいまだに固い対応を崩さないのも故なしとしない。

これまで政府の旨い言葉に釣られてきたものの，時がたつにつれ深刻な現実が姿を現わしクローズアップされてきた。後続の県もやがてそうしたことに気がつくだろう。

「2010年頃から第2再処理工場の建設を検討する」と何遍繰り返しても，もうその手には乗らない。原子力政策大綱には，「使用済MOX燃料の処理の方策は2010年頃から検討を開始する」（p.38）とある。それまでは検討もしないと言っているではないか。さらに付録の資料p.134には，「2050年度頃までに相当規模の再処理施設が必要」とあり，いきなり2050年頃にとんでしまうのである。

奇妙なのは，先に紹介した「プルトニウム利用に関する海外動向の調査

(04)」なる資料が現在お蔵入りなのである。というのは，2005年10月1日に新機構に改組してからずっとデータベースが準備中のままなのだ。2カ月ほど前に問い合わせた時には2～3カ月かかると言われた。それもとうに過ぎた。独立行政法人たるもの，そんな怠慢は許されない。

〈追記〉この委託調査はなぜか2006年で終了してしまったとのことである（2009年確認）。

【46】国内初のプルサーマル実施を目前にMOX燃料装荷お預け
(2009/11/04)

ナガサキ型原爆に使用されるプルトニウムを原発の燃料にしようとするプルサーマル計画が10年ぶりに動き出し，この（2009年）10月半ばには九州電力玄海原発で試験運転が迫る。

ところがまたしてもストップがかかり，10月中にはとうとう点火されることはなかった。現在，佐賀で必死の攻防が続いている。

44万署名，県議会を動かす

今年5月，フランスでMOX燃料（プルトニウム入り核燃料）に加工された日本生まれのプルトニウムが，浜岡，伊方，玄海の3原発に搬入され，わが国初のプルサーマル開始は目前に迫っていた。

10年前，関西電力MOX製造元の英国MOX燃料工場における不正を発端に，プルサーマル計画は頓挫していた。1999～2000年に東京電力福島第一，柏崎刈羽原発に搬入された海外製造のMOXは，装荷されることなく今なおサイト内に保管され，関西電力高浜原発（福井県）では，搬入済みの不正MOXが送り返される事態も生じている。

そんなわけで，先頭を走る4基の原発が次々と離脱する中で，5番手だった玄海原発がトップに躍り出てしまったのだ。

しかし初装荷予定日を目前にした10月1日，奇跡のようなことが起こった。

3日早朝からMOX燃料装荷開始との九州電力の発表に，装荷中止を求める44万署名の請願を審議中の佐賀県議会が反発，請願採択を求めて詰め掛けた市民はついに最大会派の自民党県議団をも動かした。

同日午前11時開会予定の本会議を前に，議会運営委員会は装荷ストップを決議，知事に「3日のMOX装荷スケジュールは白紙に戻すよう」九州電力に伝えることを申し入れた。装荷スケジュールの白紙撤回である。

知事と九州電力の協議の末、3日のMOX装荷は延期となった。午後4時にようやく開会された本会議で知事が報告した。

背景に2つの大問題

翌2日は本会議最終日。九州電力は議会で「審議中の議会に対する配慮に欠けた」、今後の作業日程については「白紙」と陳謝した。

しかし、県民らの懸命な要請にもかかわらず、装荷中止の請願については自民党が党議拘束をかけ、不採択にされてしまった。

けれども、当時報道されたように1〜2日の装荷延期で済むことではないはずという確信が筆者にはあった。なぜなら、これらの動きには大きな背景があったからだ。

プルサーマルをめぐる再度のもり上がりについて全国的にはほとんど報道されていない。大手メディアは、既定路線どおり玄海原発でプルサーマルスタートと流していたから、唐突に聞こえる方も多いと思うが、ひとつは関西電力が委託したMOXに不良品が出ていたことだ。浜岡も伊方も玄海も、今はすべて同じフランス・メロックス社製。現在、国内外とも同社以外にMOX製造工場はない。

もう一点は、使用済みMOX燃料の処分先がないことだ。当面MOXを使用した原発サイトに貯蔵されることだけが確実で、これはどこの原発でもアキレス腱になっている（原子力発電の燃料は固体だが燃えてなくなるわけではなく、核反応による熱を取り出した後に、放射性廃（棄）物と化した固体燃料がそのまま残る）。

製造にも後始末にも困難を抱えるプルサーマル。これらの問題点を中心に玄海MOX装荷中止を求めて、5月のMOX搬入後も市民による懸命の行動が繰り広げられてきた。

東京ではこの2点に絞って規制庁のヒアリングを議員から要請していた。中越沖地震で震災を受けた柏崎刈羽原発の運転再開反対で頼みとされている近藤正道議員（社民）である。

使用済みMOX燃料処理のウソ

10月2日、まず使用済みMOXに絞って原子力安全・保安院等がヒアリングに応じた。翌日のNO NUKES FESTAにあわせ、地元九州からは11名が上京。全国各地からの市民も多数加わり、議員会館の会場に入りきれないほどの人数と熱気の中、7人の官僚を相手に核燃料サイクルの遅れを指摘し、使用済みMOXのゆくえに何の保証もないことを糾した。

MOXを原子炉に装荷すれば、ウランの使用済み核燃料よりさらに放射能毒性の強い始末の悪い核廃物に変わってしまうのだ。当分、MOXの装荷を見送り、使用済みMOXの発生を抑え

るしかない。

現在の原子力政策大綱では、六ヶ所再処理工場の寿命の来る2050年までには第2再処理工場をつくり、使用済みMOXを処理するとしているが、その前提となる条件がもんじゅ事故と六ヶ所再処理工場のガラス固化工程の失敗により吹き飛んでしまっている。

なぜなら第2再処理工場とは、プルトニウムを燃料（これもMOX）とするもんじゅタイプの増殖炉が実用化され、その使用済み核燃料の再処理が必要となってはじめて意味のある工場であり、プルサーマルの使用済みMOXだけを再処理するなどということは経営的にもあり得ない。

ところが地元が知らないのをいいことに佐賀県へ行って嘘をつき、国会議員らへの説明とは齟齬を来たしていた。その点を市民らに指摘されると、関係する役所間で整合性の工作までした。

この日追い詰められた官僚は、あくまでも地元への説明を訂正するとは言わず、国会議員らに行った説明を訂正し謝罪すると言い出した。

フランス製MOX燃料に不良品問題浮上

2点目の「関西電力の不良品」の件については、7日に保安院ヒアリングが実現した。出てきたのは、今度はたったの2人。佐賀県議会紛糾の原因は直接的にはこちらだ。

保安院が行う国の検査のほかに、各電力会社は自主検査と称して10種類ほどの検査を追加している。関西電力はその自主検査で条件をクリアできないMOXペレットが4分の1も発生。これに対するデータをメロックス社が提供しなかったことから使用を中止。予定の製造本数を減らしたというものだ。

では、玄海はどうなのか。

保安院の回答から、まったく規制の役割を果たしていないことが次々と判明。国の検査で合格しているのだから、自主検査は問題にしないという姿勢である。あたかも余計なことをしたと言わんばかりの口ぶりだ。詳細を関西電力に確認することもせず、九州電力にも満足に知らせていない。

佐賀県の問い合わせには、九州電力に口頭で問い合わせ、その通り回答する始末だ。県ではそれをもって国が確認している、と安心するという構図。

そんなわけで、玄海でのMOX装荷はストップ状態のまま2週間を過ぎたのだが、とうとう15日に装荷を開始されてしまった。自民党県議団が、不良品問題は継続して追及するが装荷とは切り離す、という理屈の通らないご都合主義で了解してしまったからだ。

しかし、市民はきわめて意気軒昂。

「みなさん、諦めていません。さらに勢いづいています。1体装荷されてしまいましたけれど、諦めず声を上げていきたいと思います」

「議会が動き、知事が動けば、止められるということを証明しました（既

に事前了解しているから、等は吹き飛びました)」と逆に励ましの声を発し続けている。

18日にはMOXを含めすべての燃料装荷を終え、九州電力は試験運転の開始を当初予定の10月下旬から11月上旬に変更と発表した。

国の輸入MOX安全審査に具体的判断基準なし

不良品MOX問題は2番手の伊方原発(愛媛)にも飛び火し、県、県議会、保安院と市民の間でフランス製MOXの品質・安全性をめぐり真相究明の攻防が始まった。

佐賀・愛媛の市民は連携し、全国的な協力体制や国会議員の調査権、海外の市民運動など強力なサポートも得て、休むことなく抗議・要請を繰り返している。

緻密な交渉の中からさらに重大な事実も浮かび上がってきた。規制庁の輸入MOX安全審査には、法的根拠をもった具体的判断基準がないということだ。自主検査と国の検査を区別して、安全性はあくまでも国の検査で保証されていると主張してきた県や電力会社の根拠はあえなく潰えた。

こうしたときに悪用されるのが商業機密。官には民間企業の利益を擁護する義務があるとでもいうのだろうか。

地元自治体はどこでも、私企業たる電力事業者ではなく「国」が安全を保証しているからといって、自他共に納得させようとする。しかし、肝心の「国」は、単に事業者に電話で問い合わせて得た回答を地元に伝えるだけだ。

10年前の英国BNFL社の不正MOX事件の際にも、日本の行政庁には開示するとした申し出を断り、不正はないものと思うと繰り返し、事実を告げる英国政府の正式な書簡は隠して国会で追及される、などの不義が多々あった。10年経ってもわが国行政庁のそうした姿勢に根本的な変化は見られない。

こうした中で、今よりさらに安全の余裕を削ることになるプルサーマルの開始を、どうして地元が受け入れられるだろうか。

【47】回避コスト創出でムダ撲滅以上の財源捻出を (2009/10/16)

税金の無駄遣いを洗い出す政府の行政刷新会議が2009年10月6日、本格始動したという。ここでメスを振るおうとしている新政権に、単に無駄撲滅にとどめず、さらに大きな財源の捻出を提案したい。回避コストの創出だ。

回避コストという埋蔵金

回避コストとは，損失が生じることを予見して事前に手を打つこと（予防原則）により損失を抑制する，それにより回避できた出費をいう。もちろん大型プロジェクトの見直しは，それ自体回避コストの創出という側面もある。そもそも防災や危機管理には回避コストの概念がともなう。

だが，ついに自民党政権が手をつけられなかった巨額の回避コストが埋蔵していることを，行政刷新会議の面々は気が付いているだろうか。回避できなかった場合には最悪，国家の壊滅をもたらすほどの額となり，金銭に換算できない人的損失なども莫大なものとなる。

その危機は突然訪れる。

決断のときはすでにカウントダウンに入った。とりわけ戦後初の大地殻変動をもたらした政権交代と同じ8月に襲来した地震により，Xデーはいよいよ目前に迫ったとされる。

180倍の誤算

中央防災会議という自然の災害に対する国防会議がある。内閣総理大臣を会長として全閣僚，指定公共機関の代表者および関係する学識経験者らにより構成され，自然災害の多いわが国で防災のための政策・戦略を決定する最高機関である。

ここでは，「想定東海地震」の直前予知ができるものとして，災害対策特別措置法まで制定し，多額の予算を投入して予知研究と防災に取り組んできた。想定東海地震（東海地震）とは，東海地方に起こるとされるマグニチュード8級の大地震で，30年以上前から明日にも起こり得ると政府自ら警戒してきた地震である。ところが予知の可能性は遠のいており，現状では予知できない場合の防災体制に大幅にシフトしている。

2001年，中央防災会議は阪神・淡路大震災を受け，東海地震の被害想定を見直すための専門調査会を設置し，当時最新の知見を総動員して新たな震度分布を想定し発表した。

ところが今夏（2009年），マグニチュード6.5という，中央防災会議の試算した東海地震（マグニチュード8.0）のわずか180分の1のエネルギーの地震により，東海地震に匹敵する揺れを観測した地点が出てしまった。中部電力浜岡原子力発電所である。こんなことでは来るべき大地震ではどんな揺れになるのか。原発はその揺れに耐えられるのか。地元ではにわかに不安が増幅した。

駿河湾地震で初の判定会召集

8月11日5時7分，台風の近づく東海地方は，激しい豪雨の中でとつぜん大

きく揺さぶられた。駿河湾を震源とする震度6弱の地震が発生、東海地震予知のための判定会が、30年の歴史の中ではじめて召集され、はじめての観測情報を発令した。しかし、規模からいっても被害からいっても名前の付かないランクだそうで、気象庁は命名もしていない。地元では勝手に駿河湾地震と呼ぶ。

判定会の観測情報も、11時20分には第3回目の情報「今回の地震およびそれにともなう地殻変動は、想定される東海地震に結びつくものではないと判断した」をもって情報発信を終了してしまった。

今回、最大震度6弱を記録したのは、東海地震で最も大きく跳ね上がるとされている御前崎、牧之原、焼津あたり。強い揺れを感じた人は、一瞬ついに東海地震か！と思った。だが20秒もしないで揺れが収まったことから、こんなもんじゃないはず！と胸をなでおろしたという。

その後も東海地震との関係がどうなのか、専門家の判断は定まらず、東海地震の発生を早めるのではと危惧する見解も消えない。気象庁自身も、後に第3回目の情報を「想定される東海地震に〈直ちに〉結びつくものではないと判断した」と修正、当面観察を続けるとしている。

浜岡原発サイトで東海地震に匹敵する揺れ

地震発生から10日後、中部電力は地震観測データ類とその分析結果を原子力安全・保安院に提出した。震源はほぼ東海地震の震源域の東のライン上（図35参照）。マグニチュード6.5、震源深さ23km、震央距離は原発から37kmで、震源距離43.5kmとある。

浜岡サイトには5機の原発があり、200台ほどの地震計が設置されていて、詳細な地震波形が記録された。だが中部電力はそれらの記録を小出しにし、いまだ全貌はわからない。

中部電力が公表した地震波の記録を見る限り、各原子炉建屋近くに設置された地下岩盤内の地震計は東へ行くほど大きくなる傾向を示し、最も東に位置する5号機のそれはすぐ西隣の4号機の2倍前後という最大加速度を記録した。しかも、これが中央防災会議の想定した浜岡原発地点における東海地震の予測値に匹敵してしまったのである。

ただし、ここで留意しなければならないのは、単に観測値を予測値と比較することはできない、ということである。それには観測波形から「はぎとり解析」という手法で、地震計より上にある地盤による影響を取り除いて直下から到達する生の波形を求め、それと比較すべきなのである。だが中部電力は、1週間もあれば求められるはず

のこの生の「はぎとり波」なるものをいまだに公表していない（【32】【34】参照）。

それでも，プリズムを通った太陽光のように，地震波を周波数分解して得られるスペクトル図というものを公表しているので，中央防災会議の想定と観測波形をそれぞれのスペクトル図で比較することができる。それによれば周期3ヘルツ程度の領域で明らかに観測波のほうが大きい。はぎとり解析をするまでもなく，水平方向，上下方向ともに一部の周波数領域で，観測波は東海地震を超えてしまったのである。

浜岡原発周辺をどこよりも小さく予測した中央防災会議

マグニチュード8.7の東海・東南海・南海地震の連動型にも耐えると中部電力は豪語してきたし，国も耐震安全性を保証してきたではないか。なぜこのようなことになったのか。浜岡地点での東海地震の震源断層までの距離は14km程度，駿河湾地震の3分の1ほどの直近から襲ってくる。エネルギーはマグニチュード8.0なら180倍，南海・東南海地震と連動すれば最大マグニチュード8.7といわれ，2000倍となる。少なくとも180倍の誤算だ。駿河湾地震は柏崎刈羽原発に大きなダメージを与えた中越沖地震（マグニチュード6.8）と比べても，エネルギーで3分の1，震源は2倍も遠い。だが今回の，名前も付けてもらえない，そんなちっ

ぽけな地震にもかかわらず，浜岡原発ではこれまでに66件に上る異常・故障が見つかっている。

図35は中央防災会議による想定東海地震（マグニチュード8.0）の揺れ予測である。地表面ではなく原発の基準面（解放基盤面，【34】参照）と同じ地下岩盤における予測を入手して作成された貴重な結果だ。なんと浜岡周辺の揺れ予測が極端に小さいではないか。北西部の山岳地帯を除けば，震源域内では最低だ。理由は簡単，いずれのアスペリティーからも遠いからだろう。揺れの強度を示す濃淡は，浜岡原発の設計基準地震動450ガルで分けてある。何のことはない，浜岡周辺が原発の設計値を超えないようにアスペリティーを配置したのではないのか，と疑わざるを得ない。

その理由がどうであれ，深刻なのは中部電力がこの中央防災会議による浜岡地点の予測395ガルとその波形をすべての基本においていることだ。基準地震動S1（450ガル）も，S2（600ガル）も，Ss（800ガル）も。中央防災会議による浜岡サイトでの想定395ガルの上に，より厳しくしたマグニチュード8.6の連動型などを考慮し，原発における最大の揺れを見積もっているのだが，土台が過小評価では話にならない。

チェルノブイリ原発事故をも超える「浜岡原発震災」

政府はすでに原発震災のリスクを認

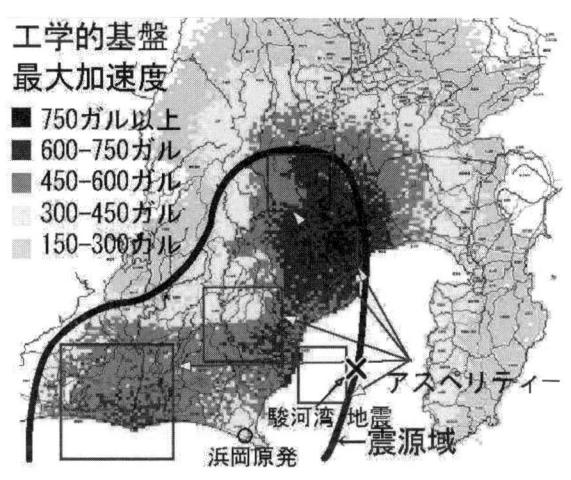

図35　想定東海地震の揺れ予測と2009.8.11駿河湾地震の震源

めている。万一地震により原発が大事故を起こし，環境に放射能を放出するような事態になれば，震災の救援活動も原発事故の救助活動も不能になる。このような複合災害を「原発震災」という。人類未経験のそのような災害がいかなる状況となるかここでは省略するが，3年前に原子力施設に関する大幅な耐震指針の改訂がなされ，原発震災の生じるリスクはゼロではないと明記された。「原発震災」とは表記せず，「残余のリスク」というわかりにくい表現であるが，政府は正式に原発震災の可能性を認めるに至ったのである（第2章【12】参照）。

万一浜岡原発で原発震災を起こせば，首都圏は，直接震災を免れたとしても放射能雲が到達する。都民の水源を汚染し，未曾有の破局が訪れる。日本列島はもとより，地球規模で汚染を撒き散らさないとも限らない。チェルノブイリ事故による地球汚染はたった1機の原発が招いた。地震は同時に複数基を襲う。中部電力は浜岡原発1・2号機を今年（2009年）1月30日付けで自主的に廃炉としたが，まだ3機を稼動させている。

原発は岩盤に直接設置しているから揺れは地表の半分以下，地震が起きたら原発に逃げ込んだらいい，想定東海地震にも100％安全……。こうした宣伝が繰り返され，壮大な断層の真上で原子力発電は続けられてきた。起きる前から名前が付けられるほど確実視され恐れられてきた大地震の震源域内で。

浜岡原発の事業認可取消しにより「原発震災」の回避を

原発へのそうした絶大なる信頼のもと，これまで政府は，中央防災会議の

防災対策から浜岡原発を除外してきた。耐震指針が改訂され原発震災のリスクを認めて後も、それは変わらなかった。東海地震対策には熱心でも、原発を含めた回避コストには一切手をつけなかったのである。こうした愚に終止符を打ち、来るべき破局を未然に防ぐことこそ、新政権として真っ先に取り組むべきことではないか。政府自身の予測によれば30年以内の東海地震発生確率は87％だ。

もちろん東海地震の際に必ず原発震災になるとは限らない。しかし原発がなければ原発震災は起こらない。浜岡原発の事業認可取消しを行政刷新会議に提案するとともに、国家戦略室の思い切った財源投入を期待したい。

【48】保安院見解「東海地震にも耐える」に異議あり！ (2010/11/17)

地震が起きてはじめて地震波の異常増幅が判明した浜岡原発。その理由も未解明のまま「東海地震にも耐える」と11月16日（2010年）、原子力安全・保安院が見解表明。そこにはいくつもの無理が……。

突然動き出した5号機
運転再開への画策

原発の耐震設計審査指針が改訂されてから4年が過ぎた。営業運転中の原発に対しても耐震性の確認（バックチェック）が指示され、それぞれ設計時より概ね厳しくした地震動（揺れ）に耐えられることを示し、それを行政庁である保安院が審議、確認作業を行っている。

想定東海地震の震源直上に建ててしまった中部電力浜岡原発は、世界で最も危険な立地であり、地震が発生する前に運転停止するよう各方面から声が上がっている。これに自然からの後押しが加わり、浜岡原発の耐震確認作業は次々と障害に見舞われ、いまだに新しい地震動も定まらない。

とりわけ最新の5号機が、駿河湾地震（2009年8月11日）で地震時に自動停止したままとなっている。想定外の異常増幅が観測されたためだ。地元静岡県は、東海地震に耐えられると国が保証することを運転再開の条件としてきた。

保安院は昨日（11月16日）、この5号機の運転再開に関する見解案をまとめ、バックチェックを審議する委員会（略称，合同ワーキング）に提出、その場で概ね合意を得てしまった。多少の修正を事務局で行うことと、もうひとつの審議会（略称，構造ワーキング）で構造強度の審議を受けることが次の

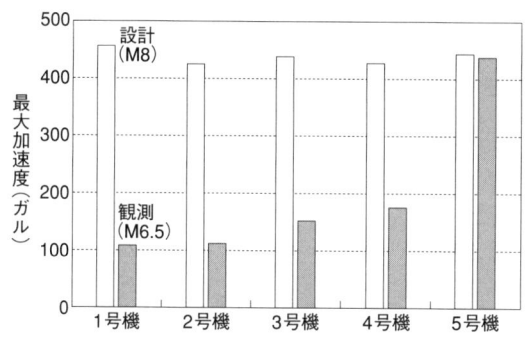

図36　2009.8.11駿河湾地震による揺れと設計値との比較
浜岡原発（原子炉基礎版S1応答EW）

課題とされた。

しかし，保安院の見解案は，それら構造強度上の結論をも先取りして「仮想的東海地震（後述）に対して増幅を考慮したとしても重要な施設の機能維持に支障がないものと考える」と結論付けるという非常な勇み足だ。ともかく結論ありきで，静岡県の条件に応えるためという意図が見え見えだ。

異常増幅の原因は未解明

そもそも保安院は，駿河湾地震において観測された5号機の増幅要因を分析し報告するよう自ら課しており，それはまだ緒についたばかりだ。なにしろわずか440mしか離れていない4号機の2倍半を超える揺れを観測した。図36は，1〜5号機それぞれの原子炉建屋最地下階（基礎版）における最大加速度観測値を，設計時に想定された値と比較した。設計値は，マグニチュード8.0の想定東海地震を基準とした最強地震（450ガル）に対する揺れを示す。ここで5号機に関しては，最強地震と同様の揺れを観測しており，異常さが突出している。

中部電力は地下300m前後に埋め込まれた「低速度帯」の存在が，凸レンズのように地震波を収束させたものと推定し報告しているが，検証が足りないことを委員から多々指摘されている。そこで敷地内を中心に年度末までの予定でさらなる地下特性調査を実施中，保安院はその結果を待たなければ信頼性ある解析はできないとしていた。

じつは5号機についての保安院見解はいわば付録であって，この日まとめたのはバックチェックに対する保安院評価の中間報告である。そこには今後の課題が満載されている。これまでの審議の中で累積したものだ。その中心は，増幅要因の分析とそれを反映した新たな基準たるべき地震波（地震動）の作成である。その基準地震動が妥当と認められてはじめて，構造強度を判

断するための振動解析に進むことができるのである。

　では、どうして基準が定まらないのにその揺れに耐え得ると判断できたのか。そのからくりが仮想的東海地震である。「仮想的」とは、浜岡原発の直下に強い地震波を放出する「アスペリティ」を置いたケースで、中部電力の造語である（【36】参照）。仮想だという証拠はないのであるが、中央防災会議の想定東海地震では、原発直下は強い地震動を放出しないとして避けている（図35参照）。

　中部電力はこのモデルで、水平方向の地震波が2.3倍、鉛直方向が1.7倍になったと仮定して「影響確認用地震動」というものを作成した。これは耐震設計における手法とは異なる簡便法で、おそらく学術的な検証も経ていないだろう。中部電力が考案し、この保安院の審議会だけが妥当としたものかもしれない。ここは第三者機関によるクロスチェックが行われるべき部分だ。

チェックしたのは重要設備中「主な」8点のみ

　その先の構造強度に至っては、この地震動に対する原子炉建屋の応答（スペクトルも最大値も）も示さず、解析結果を示す数値だけを表にしてパワーポイントで示した。すなわち重要設備機器8つについて得られた応答値は基準値内であったという。これを耐震設計上重要な「主な」施設と称して、それ以外の重要設備機器については、解析結果すらない。その8設備とは、原子炉、格納容器、原子炉建屋、主蒸気配管、制御棒、炉心支持構造物、余熱除去ポンプ、同配管である。あきれてものも言えない。

　これが中部電力の昨日の新しい報告だ。これらは、少なくとも構造ワーキングでじっくり審議されなければ、妥当という結論など出せるものではない。だが不思議なことに誰も異議は唱えなかった。

　このケースでは、水平動は2.3倍した結果、約1500ガルになったという。中部電力は過去に耐震補強を実施済みとしているが、それは1000ガルを想定して行ったもの。それでほんとうに1500ガルまで耐えられるのか？　補強済みの配管も、また間に合わなくなるものが相当出てくることだろうに、それらの補強などしないで運転を再開しようというのである。

　一方、上下動に関してはたったの186ガルで、水平動に対して余りにも小さい。これこそ昨日の合同ワーキングの検討対象だ。だがそこはフリーパス。ここも第三者機関によるクロスチェックが行われるべき部分だ。

異常づくめの手続きでシミだらけの「お墨付き」

　駿河湾地震後のこの1年、保安院事務局も審議会委員も、あまりにも頼りない中部電力に対してなかなかしっか

り苦言を呈し，ときに頼もしくすらあった。中間報告に見る今後の課題整理はそれらを反映している。にもかかわらずこの突然の豹変ぶりはなぜ!? 勇み足なのか焦りなのか，異常なことづくめである。

中部電力の正式な報告書がないことも異例である。文書といえばパワーポイントの図ばかり。審議会で聞いたことをもとに，中部電力の行った説明を保安院がまとめている。あたかも教師が宿題をやっているようなものだ。

駿河湾地震で判明した地下の増幅特性が再現できて，それを正しく反映した基準地震動が認められてはじめて，来る東海地震に対する耐震性が検証できる。まるで順序が逆だ。

また，クロスチェックも経て保安院の2つの審議会で妥当とされた後は，原子力安全委員会でダブルチェックを行うのが現行のバックチェックの鉄則だ。クロスもダブルもバックも抜きのチェックとはいったい何をチェックしたものなのか!?

今から強く指摘しておく。昨日の続きは保安院の構造ワーキングの審議を十分に経て，時には再度合同ワーキングに差し戻す，さらにその先は必ず安全委員会での審議を求めることが必要と。

起こって困ることは起こらないことに

耐震不安の一点で住民の提訴した浜岡原発運転差止訴訟は，現在東京高裁で控訴審が進行中。9月18日，第6回口頭弁論があり，地震学者石橋克彦神戸大名誉教授の証人尋問が行われた。若き日に東海地震の単独発生を指摘し警鐘を鳴らした学者であり，「地震をなめないでくれといいたい」と一審でも原告側証人に立った。

この日石橋証人は最後に半藤一利『昭和史』をひいて，「戦前の日本の政治・軍事のエリートたちがいかに間違った判断を繰り返してきたか。起こって困ることは起こらないことにしてきた。今日の原発の状況と瓜二つ，原発震災はやっぱり起こってしまうのではないか。自然のサインを的確に受け止めて誤りを正さなければ。それができるのはこの法廷しかない」と締めくくった。

「そのことばをそっくり，政界の皆さまにも捧げたい」という締めを加えて，先日国会議員全員宛のニュースに寄稿した。

〈追記〉浜岡5号機は，あくまでも「主な」設備のチェックのみで押し通し，地元にもそのまま報告，年が変わって2011年1月25日起動した。その間，破損したタービン羽根車も新品に取り換えたのであったが，3.11を受けて3カ月半ほど発電したのち，政府の要請を受けて自ら停止した。大きな損失を出したものである。しかし，福島原発の惨禍を思えば，それは比較にもならない軽傷と言えるであろう。

■浜岡原発の今
◇1号機　76年　3月17日　営業運転開始　出力54万KW
　　　　　01年11月 7日　配管破断事故で手動停止　以来11年3月まで運転停止予定（再三延長）
　　　　　08年12月22日　中部電力，廃炉を決定　廃止措置中
◇2号機　78年11月29日　営業運転開始　出力84万KW
　　　　　02年　5月24日　冷却水漏れ事故で運転停止
　　　　　04年　2月21日　定期検査のため停止　以来11年3月まで運転停止予定（再三延長）
　　　　　08年12月22日　中部電力，廃炉を決定　廃止措置中
◇3号機　87年　8月28日　営業運転開始　出力110万KW
　　　　　07年　2月21日　新耐震指針に基づく耐震評価結果を保安院に提出
　　　　　09年　8月11日　駿河湾地震（但，6月14日より定期検査のため停止中）
　　　　　09年10月 1日　地震後再起動
　　　　　11年　3月11日　東日本大震災で福島第一原発で原発震災（11.29より定期検査停止中）
　　　　　11年　4月　　　再稼働予定を延期
◇4号機　93年　9月 3日　営業運転開始　出力113.7万KW
　　　　　07年　1月25日　新耐震指針に基づく耐震評価結果を保安院に提出
　　　　　09年　8月11日　駿河湾地震により自動停止
　　　　　09年　9月15日　運転再開　地震停止後初
　　　　　10年12月 6日　耐震確認未了を理由にMOX燃料装荷を断念，プルサーマル開始を延期
　　　　　11年　5月13日　菅首相の要請を受けて中部電力が運転停止（2月4日定期検査後運転中）
◇5号機　05年　1月18日　営業運転開始　出力138万KW
　　　　　06年　6月15日　タービン羽根破損事故で自動停止
　　　　　07年　2月 8日　タービン羽根損傷に対し応急措置を施して再起動
　　　　　09年　8月11日　駿河湾地震により自動停止
　　　　　11年　1月25日　再起動　地震停止後初　損傷したタービン羽根を新品に取替
　　　　　11年　5月14日　菅首相の要請を受けて中部電力が運転停止

■浜岡原発差止訴訟の動きと関連事項
01年11月 7日　浜岡原発1号機，配管破断事故で手動停止　以来運転再開することなく廃炉に至る
01年11月 9日　1号機，圧力容器底部水漏れ事故　4日後，2号機も点検のため停止
02年　4月25日　運転差止を求める仮処分申請（第1次，原告1016名）
02年　5月24日　2号機，点検終了し再起動。翌日，冷却水漏れ事故で起動中止（03年1月再起動）
02年　7月12日　中部電力，仮処分申請却下を求める答弁書提出
02年　8月29日　東京電力不正発覚。再循環配管・炉心シュラウドのひび割れ続出　BWR全原発に波及
03年　5月26日　三陸南地震　女川原発で設計基準を超える地震動を観測（2年後公表）
03年　7月 3日　1～4号機の運転差止を求め，静岡地裁に提訴（本訴）
03年　8月 1日　仮処分申請と本訴を一本化
03年10月22日　運転差止訴訟初弁論　中部電力，全面的に争う姿勢　「浜岡原発止めます本訴の会」結成
04年　2月21日　2号機，定期検査入り　以来運転再開することなく廃炉決定に至る
04年　4月　　　裁判長交代（宮岡章氏に）
04年　9月12日　1・2号機，シュラウド交換を発表　1号機07年3月，2号機06年6月まで停止期間を延長
05年　1月18日　5号機，営業運転開始

05年 1月28日	1～5号機,「耐震裕度向上」工事の実施方針を発表	
05年 3月16日	地裁, 中部電力に耐震文書提出命令　中部電力, 拒否し24日に東京高裁へ控訴	
05年 8月16日	宮城沖の地震により女川原発3機とも自動停止（観測値が一部で設計地震動を超える）	
05年 9月 1日	現場検証, 2号機に入る	
06年 1月27日	1・2号機, 耐震工事のため停止期間を11年3月まで再々延長	
06年 3月15日	東京高裁, 静岡地裁の耐震文書提出命令を取り消す	
06年 3月24日	金沢地裁, 北陸電力志賀原発2号機に運転中止命令（耐震性の不備を突く）	
06年 4月 6日	現場検証, 裁判所, 原告団4号機に入る	
06年 6月15日	5号機, タービン破損事故で自動停止　調査および原因究明長引く	
06年 9月 8日	証人尋問開始（07年3月19日まで全11回）	
06年 9月19日	原子力発電施設に関する耐震設計審査指針を改訂（原子力安全委員会）	
07年 1月25日	新耐震指針に基づく浜岡4号機の耐震安全性再評価結果を国に提出	
07年 2月21日	新耐震指針に基づく浜岡3号機の耐震安全性再評価結果を国に提出	
07年 3月25日	能登半島地震発生, 北陸電力志賀原発で設計値を超える地震動観測	
07年 4月 4日	原子力安全・保安院, 耐震・構造設計小委員会で浜岡3・4号機耐震再評価審議開始	
07年 6月15日	運転差止請求訴訟が結審（仮処分申請申立事件は7月19日結審）	
07年 7月16日	中越沖地震発生, 柏崎刈羽原発全7機が被災　地震動は設計値を大幅に超える	
07年10月26日	静岡地裁判決　「建設時の許認可により安全」とされ敗訴, 上告	
08年 5月22日	東京電力, 柏崎刈羽原発, 異常増幅原因を地下地盤の影響と発表	
08年 8月～	中部電力地下調査のやり直しに着手　浜岡原発に関する保安院審議中断	
08年 9月19日	第一回控訴審開始（裁判長富越和厚）裁判所, 1・2号機の和解を示唆	
08年12月22日	1・2号機の廃炉を決定, 6号機増設と使用核燃料貯蔵施設建設を同時発表	
09年 8月11日	駿河湾地震発生（マグニチュード6.5）稼働中の4・5号機自動停止　5号機の異常増幅が判明, 想定東海地震並みの揺れを観測	
09年 9月18日	高裁では稀な証人尋問開始（石橋克彦・立石雅昭12月25までの4回）	
09年11月30日	1年半ぶりに浜岡3・4号機の耐震再評価に関する保安院審議再開	
10年 4月 2日	裁判長交代（岡久幸治）	
10年 7月 2日	結審予定日　中部電力が延期を要請　理由は地下構造の再々調査のため	
10年12月 3日	保安院, 3・4号機の耐震性確認の審議は棚上げのまま, 5号機再稼働を容認	
10年12月 6日	耐震確認未了を理由に4号機のMOX燃料装荷を断念, プルサーマル開始を延期	
11年 1月25日	5号機, 地元了解を得たとして駿河湾地震後約1年半ぶりに再起動	
11年 3月11日	東北地方太平洋沖地震発生, 福島原発震災となるに	
11年 5月 6日	菅首相が中長期対策完了まで浜岡原発の全機停止を要請	
11年 5月13・14日	中部電力, 浜岡4・5号機をあいついで停止　津波対策を実施中	
11年 7月 6日	1年ぶりの控訴審　左右陪席とも裁判官が交代	
中部電力, 地下構造調査の報告出せず　以後の審理予定はたっていない		

■福島原発震災を受けて, 新たに地元住民（静岡県民のみ）が静岡地裁浜松支部へ永久停止を求める訴訟（11.6.25）, および静岡地裁へ運転停止・廃炉等を求める訴訟（11.7.1提訴）を起こした。後者は, 10月13日の第一回口頭弁論時で275名の弁護士（静岡117, 愛知126, 長野18, 東京その他14。うち7名は原告を兼ねる）からなる大弁護団を形成, 運転差止訴訟の一審静岡地裁判決をくつがえそうと勢いづいている。浜岡原発差止訴訟を起こした当時では到底考えられなかった状況である。

図版出典（一部改変）

図1　「東電福島第二原発3号機の運転再開を問う住民投票から　富岡町・楢葉町2,000人の声」1990年

図2　文部科学省地震調査研究推進本部「全国を概観した地震動予測地図」(J-SHIS) 防災科学技術研究所ホームページ参照

図3　東京電力　2010年3月8日「設備小委34-3　1号機の耐震安全性評価に関する補足説明資料＜地震時の制御棒挿入性を確認する評価について＞」

図4　(1) 東京電力プレスリリース　2006年1月19日「定期検査中の福島第一原子力発電所6号機で発見された制御棒のひびについて」
(2) 東京電力福島第一原子力発電所プレスリリース　2006年1月25日「福島第一原子力発電所6号機制御棒で発見された欠損部分等の回収結果について」

図5　「東京電力と共に脱原発をめざす会」による東京電力本社交渉において入手

図6　東京電力プレスリリース　2006年3月20日「点検停止中の福島第一原子力発電所3号機気水分離器等貯蔵プール内で発見・回収された金属片らしきものの調査状況について」

図7　中部電力プレスリリース　2006年6月23日「浜岡原子力発電所5号機低圧タービンの点検状況について」

図8　中部電力プレスリリース　2006年6月30日「浜岡原子力発電所5号機　低圧タービンの点検状況について（続報）」

図9　図8に同じ

図10　中部電力プレスリリース　2006年9月18日「添付資料1：浜岡原子力発電所5号機低圧タービン開放点検状況ならびに調査結果について」：タービン開放点検状況

図11　中部電力プレスリリース　2006年9月12日「添付資料2：ランダム振動とフラッシュバック現象の概要」

図12　原子力安全委員会ホームページ　2007年8月10日「耐震安全性に関する調査プロジェクトチーム第3回会合」配付資料：耐PT第3-2-3号「2007年新潟県中越沖地震の震源断層と強震動」（入倉孝次郎ほか　原図：国土地理院）

図13　図12に同じ

図14　東京電力プレスリリース　2007年7月30日「柏崎刈羽原子力発電所における平成19年新潟県中越沖地震時に取得された地震観測データの分析に係る報告（第一報）について」

図15　東京電力ホームページ　2007年8月6日

図16　気象庁気象統計情報「強震波形（平成19年（2007年）新潟県中越沖地震）」

図17　ちきゅう座ホームページ「浜岡原発周辺における地震と原発についての世論調査〈生方卓〉」

図18　気象庁「余震分布図（8月17日6時現在）」に, 刈羽村の武本和幸さんがF－B活断層記入

図19　新潟日報　2007年9月16日「なぜ大地は動く」参照

図20　名古屋大学地震火山研究センター・ホームページ「[追加資料]2007年中越沖地震・震源海域の海底活断層の模式図」作成：鈴木康弘（名古屋大学）・渡辺満久（東洋大学）・中田高（広島工業大学）

図21　東京電力プレスリリース　2008年5月22日「柏崎刈羽原子力発電所における平成19年新潟県中越沖地震時に取得された地震観測データの分析及び基準地震動に係る報告書の提出について」

図22　図21に同じ

図23　原子力安全・保安院ホームページ　2008年6月6日　審議会資料　合同W10－2－2「柏崎刈羽原子力発電所における平成19年新潟県中越沖地震時に取得された地震観測データの分析に関する補足説明」

図24 原子力安全・保安院ホームページ　2007年4月18日　審議会資料　地質W1−4「浜岡原子力発電所3,4号機「発電用原子炉施設に関する耐震設計審査指針」の改訂に伴う耐震安全性評価に関わる報告—敷地周辺・近傍及び敷地の地質—

図25 新潟県,柏崎市,刈羽村　2008年7月14日「お知らせ第1号　技術委員会での議論の状況をお知らせします」

図26 中国電力プレスリリース　2008年3月28日「「発電用原子炉施設に関する耐震設計審査指針」の改訂に伴う島根原子力発電所の耐震安全性評価結果　中間報告書の概要」

図27 図26に同じ

図28 原子力資料情報室作成図

図29 柏崎刈羽原発のPR館で（2007年11月4日,荒木祥撮影）

図30 原子力安全・保安院ホームページ　2008年5月22日　審議会資料　合同W9-1-2「『柏崎刈羽原子力発電所における平成19年新潟県中越沖地震時に取得された地震観測データの分析及び基準地震動に係る報告書』について」

図31 毎日新聞ホームページ＞ニュースセレクト＞毎日jp中国・四川大地震　写真一覧参照

図32 中部電力ホームページ　浜岡原子力発電所「新耐震指針に照らした耐震安全性の評価」

図33 浜岡原発5号機原子炉設置許可申請書「敷地内地質図」に加筆

図34 核燃料サイクル開発機構「プルトニウム利用に関する海外動向の調査（04）」2005年3月

図35 浜岡原発差止訴訟　最終準備書面（2007年6月15日提出）p.210「工学的基盤の加速度分布マップ」甲イ号証152−2

図36 原子力安全・保安院ホームページ　2009年8月27日　合同W34−2「駿河湾の地震に対する浜岡原子力発電所における地震観測データの分析について」

あとがき

　1959年9月，伊勢湾台風による死者・行方不明者5000人余，明治以来最大の犠牲者を出した。理工系ブームといわれた時代，こんなことがあるのかと驚いた。17歳だった。それから4年後，台風研究の道を選択した。自然災害としては地震学もあるのだが，その時点では思いも及ばなかった。大きな地震災害を経験していなかったのである。地震静穏期であった。

　折から日本は高度経済成長期に突入していた。1960年6月23日の日米安保条約改定の発効後に登場した池田内閣による所得倍増計画路線のもと，原子力もまた試験炉による発電にこぎつけ（63年10月26日），実用化の時代に入っていった。東京電力の初号機は，1971年3月26日に運転開始した福島第一原発1号機であり，以後6号機まですべて70年代の運転開始である。

　だがその少し前，大学闘争の嵐のなかで，私は自身の進路を変えてしまった。教師となり，埼玉のベッドタウンで必要に迫られてさまざまな市民運動を経験する。やがて旧ソ連のチェルノブイリ原発事故（1986.4.26）が起き，反原発運動が盛んになる。いつの間にか原発は狭い日本に32機も林立していた。核エネルギーの廃絶は物理畑出身の責任と自覚する。以後活動を脱原発に絞ることとし，それが縁で福島原発の地元双葉郡と深く関わることとなる。また「いずみひと塾」として開放していた我が家の隣室で，フォトジャーナリスト広河隆一氏のチェルノブイリ写真展事務局を開設，たった1回の原発事故により，いたいけな子どもたちの上にもたらされた悲劇を伝えるために，写真パネルを制作し，全国各地に貸し出した。

　それからほぼ10年後の阪神・淡路大震災（1995.1.17）。多くの人々の運命を変えた天災は，現代の科学技術社会をも土台か

らひっくり返し，不吉な未来への予兆を啓示した。にわかにクローズアップされた原発の耐震性への不安のなか，震災と原発事故の複合災害が現実味をもって迫ってきた。私はまるで吸い寄せられるように再び天災——今度は地震——と向き合うこととなった。同じ見えないといっても透明で手探りのできる大気の動きに対して，手の届かない真っ暗闇の大地の中。台風以上に何もわかっていないことを知った。

　ところがその年の9月末には，行政庁が原発の耐震安全性に関する報告書を出し，耐震設計審査指針の見直しは必要なしと結論付けた。しかしそれを克明に読むと，本文には課題満載なのに結論だけは飛躍して太鼓判を押している。科学とはとてもいえない。これが原子力の常套手段かと，はじめて具体的に「国の安全へのお墨付き」に疑惑をもつこととなった。

　全貌の見えない巨大システム・原発と未知の地震という最悪の組み合わせ。なかでも東海地震の迫る浜岡原発への恐怖から，およそ10年前ついに静岡県へ移住して浜岡原発震災の未然防止に専念することとした。転居は還暦を迎えた翌月のことであった。

＊　＊　＊　＊　＊

　強い揺れに目を覚ますと，外は雷をともなう土砂降り。パソコン画面でTVの地震情報を観ていたところ，5時19分つまり地震発生から12分後に，市の防災無線が津波警報のアナウンス。と同時くらいに落雷でTVがシャットダウン！　停電ではなく，パソコンも問題なかったのだが，その後もTVは8時頃まで復旧しなかった。

　3.11東北地方太平洋沖地震ではない。それに先立つこと19ヵ月前の2009年8月11日，駿河湾地震のときのこと。中地震でマグニチュード6.5。静岡県の一番東に位置するわが家は震度4，幸い地震では何の被害もなかった。わが家の唯一の被害は地震ではなく雷によるものだった。

あとがき

　復旧後TVが映していた風雨に煙る御前崎灯台はまさに台風の通り道。地震による東名高速の崩落も，のちに豪雨との関係が指摘された。当時，大雨洪水警報も出ていたのだ。まさに8.11は，地震，雷，台風，豪雨，津波がいっぺんに押し寄せてきたのだった！

　自然は次々と教えてくれる。10月8日朝，再び台風が通過した。その直後，浜岡原発3号機のタービン建屋放射線管理区域内に海水が流れ込むのが発見された。うねりによって放水路の水位が上昇したためという。放射線管理区域とは，そこから放射能を漏らさないよう密閉している放射線レベルの高い区域のこと。だが，いとも簡単に海水が浸入してしまった。これで東海地震の津波対策への不安も現実に，と思ったものだ。

　この台風18号で，原発道路と呼ばれる海岸沿いの県道も崩壊した。なんと回復の見込みがたたず，迂回路建設となった。全国の原発のうち，浜岡原発だけはサイト内に専用港が造れず，使用済み核燃料はこの県道を通って御前崎港から搬出している。

　巨大地震の頻発する地，台風の通り道，港湾の造れない海底地形・地質。そんなところに原発があってはならない。間違いに気がついたら引き返す，もしくは変更する。こんないとも簡単なことが，なぜ実行できないのか。

　しかも繰り返し繰り返し自然は警鐘を鳴らしてきた。筆者が『JANJAN』に寄稿しはじめてからほどなく，2005年8月16日の宮城県沖地震（マグニチュード7.2）が女川原発に自然の警告を記してくれた。それは少なくとも耐震設計審査基準が3分の1の過小評価であることを指摘していた。その後も，2007年3月25日能登半島地震（マグニチュード6.9）が北陸電力志賀原発に，2007年7月16日新潟県中越沖地震（マグニチュード6.8）が東京電力柏崎刈羽原発に警告を記し，直接多数の弱点を指摘してくれた。そしてとうとう原発震災，今回の福島第一原発だ。

　通常の技術の世界で採られる克服の手法「失敗学」は，原発の過酷事故に適用してはならない。だが，その時々の自然から

の指摘に対して，対症療法しか採ろうとしなかった規制庁と電力会社。今回もまた根本原因にまで遡って対策を採ることなく，原因を巨大津波に限定し，「冷却」対策にばかり傾注する。

では，次はどこがやられるのか。自然に代わって予告しよう。浜岡原発では，「止める」の弱点を突いてくるだろう。東海地震は至近15kmほどの直下から襲ってくる。そうすれば瞬時にして核暴走事故だ。その制御は1分1秒どころではない。100万分の1秒を争う。人間の手に負えるスピードではない。

だがその対策はある。根本原因たる地震の襲撃地帯で原発を建設・稼働しないことだ。これなら実現できるではないか。

地震は止められないが，
原発はひとの意思で止められる

全国全県津々浦々から，とりわけ原子力村の内部から，決意の声が上がることを信じる。

広島・長崎・焼津に続き，福島が背負った十字架。核エネルギーの封印に向けて，この地震列島に住む民にさらなる務めが課せられた。

2011年12月

東井　怜

あとがき

＊本書は，インターネット新聞『JANJAN』に掲載した内容をもとに作成した冊子『ストップ！　原発震災』に，「序章　警鐘は間に合わなかった！」を加えたものである（文中の肩書は当時のもの）。序章には，昨年の3.11福島第一原発の原発震災発生と同時に「JANJANブログ」に発信した「Ⅰ　ドキュメント福島原発震災」および新たに執筆した「Ⅱ　巨人に異を唱えた双葉郡の過去」を収録。出典は以下の通り。

・2004年11月30日〜2009年11月4日　インターネット新聞『JANJAN』（2010年3月閉鎖。現在はそれぞれの記事のタイトルを検索にかければアクセス可）
・2010年11月17日〜2011年3月17日　JANJANブログ
 http://www.janjanblog.com/

参考サイト
・JANJANブログ（カテゴリー〈原発〉）
 http://www.janjanblog.com/archives/category/nuclear_energy
・原発震災を防ぐ全国署名連絡会ホームページ
 http://www.geocities.jp/genpatusinsai/

＊JANJAN記事および同ブログへの投稿記事は，実際に展開されていく原発をめぐるホットな事件を，当事者の立場から報道，解説することに留意してきた。

「巨人に異を唱えた双葉郡の過去」は，3.11以後の福島の辛酸に寄り添う気持ちから，語りつくせない数々の過去のドラマを超特急で再現したもの。限られた紙幅の関係で多くは語れなかったが，ときと場を共にした多くの顔を思い浮かべることとなった。まことに悔しい結果となってしまったが，今日の事態を避けるために深い心を寄せられた一人ひとりに敬意を表すとともに，すでに亡き方々のご冥福を祈る。

著者紹介

東井　怜（あずまい・れい）

フリーランスライター。埼玉県で通信制高校講師のかたわら地域で活動，1986年チェルノブイリ原発事故以降は，脱原発運動に精力を傾ける。10年前，東海地震による浜岡原発震災を防ぐため静岡に転居。その後，市民記者としても発信を続ける。

現在，「東京電力と共に脱原発をめざす会」代表世話人，「原発震災を防ぐ全国署名連絡会」事務局長，浜岡原発差止訴訟原告など。

著作：共著『原子力の時代は終わった』（「人間家族」編集室編，雲母書房），共著『ゴミは，どこへ行く？』（依田彦三郎編著，太郎次郎社）

浜岡 ストップ！原発震災

2012年3月25日　第1版第1刷発行

著　者＝東井　怜

発行者＝石垣雅設

発行所＝野草社
東京都文京区本郷2-5-12
TEL 03(3815)1701／FAX 03(3815)1422
静岡県袋井市可睡の杜4-1
TEL 0538(48)7351／FAX 0538(48)7353

発売元＝新泉社
東京都文京区本郷2-5-12
振替・00170-4-160936番　TEL 03(3815)1662／FAX 03(3815)1422

印刷・製本／シナノ

ISBN978-4-7877-1189-2　C0036

野草社の本

山尾三省
アニミズムという希望
講演録●琉球大学の五日間
ISBN978-4-7877-0080-3

1999年夏、屋久島の森に住む詩人が、琉球大学で集中講義を行なった。詩人の言葉によって再び生命を与えられたアニミズムは、自然から離れてしまった私達が時代を切りひらいてゆく思想であり、宗教であり、新しい確かな希望である。

四六判上製／400頁／2500円＋税

山下大明 写真集
月の森
屋久島の光について
ISBN978-4-7877-1184-7

森は暗い。森は怖い。そして、森は美しい。息を潜め、何ものかの気配を背中に感じながら、歩き、佇み、しゃがみ込み、そしてまた歩く。『樹よ。─屋久島の豊かないのち』の出版から20年の時を経て、山下大明の目に映る、屋久島のいま。

Ａ４判上製／84頁／3800円＋税

川口由一
妙なる畑に立ちて
ISBN978-4-7877-9080-4

耕さず、肥料は施さず、農薬除草剤は用いず、草も虫も敵としない、生命の営みに任せた農のあり方を、写真と文章で紹介。この田畑からの語りかけは、あらゆる分野に生きる人々に、大いなる〈気づき〉と〈安心〉をもたらすだろう。

Ａ５判上製／328頁／2800円＋税

立松和平 エッセイ集
旅暮らし
ISBN978-4-7877-1181-6

2010年2月に急逝した著者が、生前に野草社へ託した3冊のエッセイ集。亡くなる直前までのほぼ10年間に書かれた文章より選んだ、最後のメッセージである。「旅は生きることなのだから、あらゆる機会をとらえて旅に出ようではないか。」

四六判上製／288頁／1800円＋税

立松和平 エッセイ集
仏と自然
ISBN978-4-7877-1182-3

『ブッダのことば』をポケットに入れてインドを旅した青年時代から、著者は仏教に深く関心を寄せていた。本巻は仏教に関わるエッセイを収録。「いつの時代も苦しみが人の世を覆っている、だからこそ苦をともにする仏教が人の支えとなる。」

四六判上製／280頁／1800円＋税

立松和平 エッセイ集
いい人生
ISBN978-4-7877-1183-0

本巻では、生い立ちから父母のこと、青春の彷徨、作家への苦闘の日々を綴った文章と、太宰、安吾といった近代作家の批評、中上健次ら作家仲間との交歓を描いた掌編を収録。「私は幸福であった。いい人生だったなあと、心から思っている。」

四六判上製／296頁／1800円＋税

ティク・ナット・ハン 著
山端法玄、島田啓介 訳
ブッダの〈気づき〉の瞑想
ISBN978-4-7877-1186-1

フランスで僧院・共同体プラムヴィレッジを開き、生活と一体になった瞑想を実践しつつ、世界各地での講演活動を通じて仏教の教えと平和の実践を説いている著者が、ブッダの瞑想法を示した教典を現代人が実践できるようにわかりやすく解説。

四六判上製／280頁／1800円＋税

おいしいごはんの店探検隊 編
石渡希和子 イラスト
おいしいごはんの店 充実改訂版
自然派レストラン全国ガイド
ISBN978-4-7877-0981-3

「安全で健康的なおいしいごはんが食べたい」。そんな声に応える、自然派レストラン＆カフェガイド。オーガニック、ナチュラル、スローフードなどをテーマに全国各地に足を運び、自信をもってお薦めできる47都道府県308のお店を紹介。

四六判変型／352頁／1600円＋税